서술형·논술형 시험에 강한 아이로 키우는

초등 글쓰기 수업

서술형·논술형 시험에 강한 아이로 키우는

초등 글쓰기 수업

초판 1쇄 발행 2022년 2월 24일

지은이 | 김윤정
기　획 | CASA LIBRO
펴낸곳 | 원앤원북스
펴낸이 | 오운영
경영총괄 | 박종명
편　집 | 최윤정 김형욱 이광민 김상화
디자인 | 윤지예 이영재
마케팅 | 문준영 이지은
등록번호 | 제2018-000146호(2018년 1월 23일)
주　소 | 04091 서울시 마포구 토정로 222 한국출판콘텐츠센터 319호(신수동)
전　화 | (02)719-7735　　팩스 | (02)719-7736
이메일 | onobooks2018@naver.com　　블로그 | blog.naver.com/onobooks2018
값 17,000원
ISBN 979-11-7043-283-8 03590

세상은 글 잘 쓰는 인재를 원한다!

서술형·논술형 시험에 강한 아이로 키우는

초등 글쓰기 수업

김윤정 지음

서술형·논술형 시험, 글쓰기에 달렸습니다

학령기 자녀를 키우는 부모님들이 요즘 가장 많이 하소연하시는 게 바로 서술형 시험에 대한 걱정입니다. 서술형 시험 문제 자체를 잘 이해하지 못해 아이가 어려워한다는 하소연도 있고, 서술형으로 답을 써야 하는데 자신의 생각을 글로 정확히 표현하지 못해 아이가 어려워한다는 하소연도 있어요. 서술형 시험을 어려워하는 아이들이 그만큼 많다는 반증이겠지요.

부모인 우리 세대가 학령기일 때는 대부분의 시험 문제가 객관식이었어요. 여러 항목 중에서 가장 적당한 답을 고르는 문제들이 출제됐지요. 간혹 주관식 문제가 출제되기도 했는데, 그것도 거의 단답형이라 서술형이라고 할 수는 없었어요. 달달 외우기만 하면 시험 점수를 잘 받을 수 있었지요.

그런데 요즘 시험은 서술형이 대세예요. 문제부터가 서술형으로 나오고 답 또한 서술형으로 쓰기를 요구하는 문제들이 대부분입니다. 그래서 읽기와 쓰기 능력이 뒷받침되지 않으면 시험을 잘 치를 수 없는 세상이 되었어요. 이것은 일시적인 현상이 아니라. 오히려 점점 더 가속화될 현상이에요. 정답을 맞히는 것을 최우선으로 삼는 교육이 아닌, 자신의 생각을 정확하게 표현하는 것을 최우선으로 삼는 교육은 우리나라뿐 아닌 전 세계적인 추세이니까요.

게다가 객관식은 운에 따라 결과가 뒤바뀌기도 합니다. 정확히 몰라도 찍어서 맞히는 경우도 있으니까요. 진짜 실력이 아니라는 말이지요. 진짜 실력은 서술형 시험에서 드러납니다. 아이가 서술형 시험을 어려워한다는 것은 진짜 실력이 부족하다는 뜻으로 받아들여야 해요.

아이에게 해당 과목의 공부를 더 집중적으로 시키면 서술형 시험에 강해질까요? 아닙니다. 서술형 시험을 어려워하는 아이에게 가장 시급하게 도움을 줘야 할 부분은 읽기 능력과 쓰기 능력을 키워 주는 일이에요. 읽기와 쓰기는 타고나는 능력이 아니며, 반드시 후천적으로 발달시켜야 하는 능력이거든요. 그동안 읽기와 쓰기 능력을 발달시킬 수 있는 활동들을 하지 않은 아이라면 서술형 시험을 어려워하는 것이 당연합니다.

아이들은 듣기, 말하기, 읽기, 쓰기의 순서로 언어 능력이 발달합니다. 다시 말해 쓰기는 읽기보다 더 어려운 영역이에요. 하지만 많은 부모님이 때가 되면 아이가 글을 잘 쓸 것이라고 기대합니다. 그래서 때가 됐는데도 잘 쓰지 못하면 매우 실망하고 잔뜩 걱정하게 됩니다. 그 마음이 아이에게도 고스란히 전해져 아이는 점점 더 힘들어하고 잔뜩 위축되지요. 이런 상태로는 서술형 시험을 제대로 치를 수가 없겠지요.

　그냥 글 잘 쓰는 아이가 아니라 서술형 시험, 논술형 시험에 강한 아이로 키우기 위해서는 좀 더 전략적인 글쓰기 훈련이 필요해요. 일기나 수필이나 시처럼 자신의 감성을 글로 표현하는 것과는 내용적으로나 형식적으로 좀 다르거든요. 얼마나 정확하게 전달하는지, 얼마나 구체적으로 표현하는지, 얼마나 논리적으로 전개하는지가 핵심이기 때문에 그와 같은 글쓰기를 경험해 볼 수 있도록 하는 것이 아주 중요하지요.
　대단히 어렵고 복잡할 것 같다고요? 전혀 그렇지 않습니다. 제가 이 책을 통해 전달하고자 하는 메시지를 받아 주신다면 서술형·논술형 시험에 강한 아이로 키우는 것은 시간 문제예요. 엄마표 글쓰기 수업으로도 충분히 가능합니다. 아니, 오히려 엄마표 글쓰기 수업이 더 유리합니다. 엄마표 글쓰기 수업이 왜 더 유리한지 궁금하다면, 엄마표 글쓰기 수업을 어떻게 하면 되는지 궁금하다면 얼른 다음 페이지로 넘겨 주세요.

아이랑 글 쓰기 좋은 날

김윤정

차례

Chapter 1

글을 잘 쓰는 아이로 키우고 싶은 엄마들이 가장 궁금해하는 일곱 가지

Chapter 3

위인전
제대로 읽고
제대로 글쓰기

Chapter 5

철학책
제대로 읽고
제대로 글쓰기

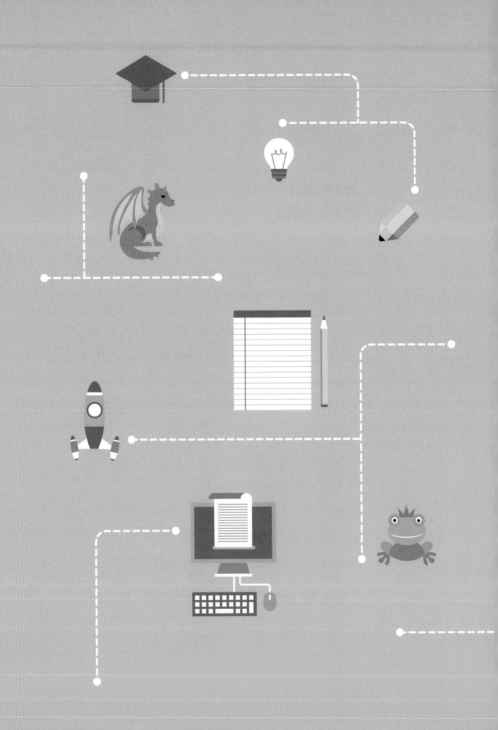

Chapter 1

글을 잘 쓰는
아이로 키우고 싶은
엄마들이 가장
궁금해하는 일곱 가지

수학보다 글쓰기를
더 어려워하는 아이들

질문 1

우리 아이는 글쓰기를 왜 이리 싫어할까요?

밤하늘보다 어두운 얼굴로
입장하는 아이들

★ 저는 '책나들이'라는 독서교육연구소를 운영하고 있습니다. 이곳에서 아이들을 가르칠 뿐만 아니라 부모 교육이나 도서 집필을 하며 재능 기부도 하고 있어요. 무엇보다 제가 가장 심혈을 기울이는 일은 바로 아이들에게 독서와 글쓰기 코칭을 하는 일이에요.

아이 코칭에 앞서 당연히 부모 상담부터 이루어집니다. 그런데 부모 상담에는 반드시 아이를 동반하지 말아 달라고 부모님께 부탁을 드려요. 이유는 크게 두 가지입니다. 첫 번째는 아이가 옆에 있으면 부모님들은 걱정하는 부분이나 아이의 현재 상황에 대해 있는 그대로 전달하지 못하세요. 아무래도 당사자가 옆에 있으니 적나라하게 드러내는 것에 신경이 쓰일 수밖에 없겠지요.

두 번째는 상담을 받으러 오는 부모님은 아이의 글쓰기 수준에 대해 걱정이 한가득인 경우가 많은데, 그런 이야기들을 아이가 옆에서 고스란히 듣는 것이 아무래도 마음에 걸려요. 본격적인 글쓰기 교육을 시작하기도 전에 아이를 주눅 들게 만들 뿐만 아니라 자기 효능감을 키우는 데도 좋지 않은 영향을 끼치니까요. 그래서 아이를 동반하지 않기를 부탁드립니다.

간혹 아이를 데려가서 레벨 테스트를 받아야 하지 않겠느냐고 묻는 부모님도 있는데, 저는 수업 전에 글쓰기 레벨 테스트를 따로 하지 않습니다. 글쓰기에는 정답이 있는 것이 아니어서 몇 가지 문제로 실력을 가늠할 수가 없어요. 또 아이들마다 약점이나 특장점이 모두 달라서 한 번의 테스트로 레벨을 나눈다는 것 자체가 무리입니다. 대부분의 아이들이 그동안 적절한 훈련을 받지 못해 제 실력이 나오는 경우가 거의 없다는 점도 고려했고요. 아이들의 글쓰기 레벨은 몇 개월 정도 수업이 이루어져야 서서히 보이기 시작하기 때문에 상담을 할 때 레벨 테스트를 하는 것은 불가능하거니와 의미도 없습니다.

상담을 마치고 수업 시작 날짜가 결정되면 그 날짜가 되어야 저는 아이와 처음으로 마주하게 됩니다. 첫 수업 때 출입문을 열고 들어오는 아이들은 대부분 얼굴 표정이 어둡고 입이 댓 발 나와 있습니다.

그 이유를 묻지 않아도 저는 잘 알고 있습니다. 본인은 글쓰기가 너무 싫어서 배우러 가고 싶지 않은데 엄마가 억지로 가라고 해서 기분이 언짢아진 거예요. 하기 싫은 것을 억지로 하라는데 기분 좋을 리 없겠지요. 그 마음을 잘 알기에 아이가 밤하늘처럼 어두운 얼굴로 입장하더라도 저는 보름달처럼 환하게 웃으며 맞이합니다.

수포자보다
더 많은 '글포자'

★　　　　　　　　요즘 아이들, 수학 공부를 가장 힘들어하지요? 수학이 너무 어렵고 재미가 없어서 소위 수포자의 길을 선택하는 경우도 많잖아요. 사단법인 사교육걱정없는세상에서 조사한 바에 따르면 초등학생 중 약 28퍼센트에 해당하는 아이들이 수학을 포기하고 싶을 때가 있다고 응답했다고 합니다. 중학생과 고등학생은 각각 55퍼센트와 69퍼센트라고 하니 절반이 훌쩍 넘어가네요. 상급 학교에 진학할수록 포기하는 아이들의 비율이 높아지니, 초등학교 때부터 격차가 벌어지지 않도록 기초를 잘 다지는 것이 무엇보다 중요하겠어요.

그런데 제가 느끼기에는 수학을 포기한 수포자보다 글쓰기를 포기한 '글포자'가 더 많은 듯합니다. 수학을 좋아하는 아이들은 정말 많이 좋아해요. 수학이라는 과목 자체가 문제만 잘 풀린다면 너무나도 짜릿하고 흥미진진하게 느껴지잖아요. 그 매력에 한 번 빠져들면 수학을 사랑하지 않을 수가 없지요. 그래서 수학을 잘하는 아이들뿐만 아니라 수학 점수가 대단히 높지 않은 아이들 중에서도 수학을 가장 좋아하는 과목으로 꼽는 경우가 생각보다 많아요.

하지만 글쓰기를 좋아하는 아이들은 거의 없습니다. 글을 쓰는 것은 어렵고 귀찮은 것이라고 생각하는 아이들이 대부분이에요. 아주 드물게 작가를 꿈꾸는 아이들 중에 스스로 글감을 찾아 이야기를 지어내려는 시도를 하는 경우도 있지만, 그 열정이 꾸준히 유지되지 않아 결과가 흐지부지 되어 버리곤 해요.

그렇다면 아이들은 왜 이렇게 글 쓰는 것을 어려워할까요? 왜 이렇게 싫어하고 거부할까요? 그 이유는 아이들이 자신의 생각을 글로 표현하는 훈련을 체계적으로 해 본 경험이 많지 않아서입니다. 글쓰기는 매우 고차원적인 지식 활동이에요. 고도의 사고력과 창조력, 구성력, 표현력이 뒷받침되어야 잘할 수 있는 분야입니다.

글쓰기를 잘하기 위해
반드시 갖춰야 할 3요소

★   물론 글자를 쓸 줄 알면 누구나 글을 쓸 수 있습니다. 하지만 글을 '잘' 쓰기 위해서는 갖추고 있어야 할 요소들이 분명히 존재해요. 글을 잘 쓰려면 머릿속에 다양한 어휘가 입력되어 있어야 하고, 많은 배경 지식들이 자리 잡고 있어야 합니다. 이것들이 글을 잘

쓰기 위한 재료가 되니까요. 아이가 어릴 때부터 많은 책을 읽어 주고, 다양한 체험 활동을 할 수 있도록 해 주고, 이런저런 이야기를 들려주며 상식을 키워 주는 일들이 모두 어휘력을 키우고 배경 지식을 심어 주는 과정이 되겠지요.

요즘 엄마 아빠들은 그런 과업은 아주 잘 해내고 계십니다. 그래서 아이들의 머릿속에 많은 것이 담겨 있지요. 문제는 그것을 적시적소에 꺼내 쓰지 못한다는 점이에요. 우리가 수많은 경험과 오랜 학습을 통해 머릿속에 담아둔 다양한 정보들을 꺼내 쓰기 위해서는 '기억을 창의적으로 조합하는 단계'를 거쳐야 합니다. 쉽게 말하면 내 머릿속에 담긴 수많은 정보 중에서 제시된 조건에 맞는 것을 골라내 그것을 어떤 어휘들을 사용해서 어떻게 표현할지를 설계하는 과정이에요.

머릿속에 아무리 많은 것이 들어 있어도 그것을 조합해 내지 못한다면 뭘 어떻게 써야 할지 막막할 수밖에 없어요. 아이들이 글쓰기를 어려워하는 이유는 바로 이 작업이 수월하게 이루어지지 않기 때문이에요. 기억을 조합하는 과정이 신속하고 수월하게 이루어져야 글쓰기가 쉬워집니다. 게다가 글을 그냥 쓰는 것이 아니라 잘 쓰기 위해서는 평범하고 단순하게 조합하는 것이 아니라 '창의적'으로 조합할 수 있어야 하지요. 그래야 나만의 독창적인 생각, 나만의 논리적인 생각, 나만의 비판적인 생각이 글 안에 담길 수 있으니까요. 그러므로 글쓰기를 잘하고 싶다면 기억을 창의적으로 조합하는 과정을 많이 연습해야 해요.

머릿속에서 창의적으로 조합한 다음에는 그것을 머릿속에서 끄집어내서 본격적으로 글로 표현할 수 있어야 합니다. 문장력이 발휘되어야 하는 순간이지요. 머릿속에 저장되어 있는 글쓰기 재료들이 풍부하고, 그 재료들을 창의적으로 조합하는 데 능숙하다면 자신의 생각과 느낌을 글로 표현하는 데 별다른 어려움을 느끼지 않아요. 반대로 재료들이 부족하거나, 재료들이 풍부한데도 불구하고 그것을 창의적으로 조합하지 못하면 자신의 생각과 느낌을 글로 표현하는 것이 그만큼 힘들어집니다.

글을 잘 쓰기 위해 꼭 갖추어야 할 세 가지 요소를 표로 다시 한번 정리해 볼까요? 더 확실하게 와닿을 것입니다.

보통 아이가 글을 잘 쓰지 못하면 세 번째 요소인 문장력에 문제가

첫 번째 요소	두 번째 요소	세 번째 요소
풍부한 **상식과 어휘력**	정보를 **창의적으로 조합**하는 능력	생각을 글로 표현하는 **문장력**
•	•	•
체험 활동이나 독서, 부모님과의 대화 등을 통해 습득한 각종 정보와 어휘들을 포함합니다.	주어진 주제에 적합한 정보와 어휘들을 어떻게 조합하여 표현할지를 머릿속에서 생각합니다.	머릿속에서 자신만의 창의적인 내용으로 조합한 정보와 어휘들을 글로 풀어씁니다.

있다고 생각하지만, 사실 글을 잘 쓰고 더 잘 쓰고, 혹은 못 쓰고 더 못 쓰고를 좌우하는 것은 바로 두 번째 요소인 정보를 창의적으로 조합하는 능력이에요. 물론 이것은 첫 번째 요소가 충분히 갖춰져 있음이 전제되어야 합니다. 글쓰기는 어떤 주제에 맞춰서 내가 알고 있는 것, 내가 생각하는 것을 글로 꺼내 보이는 활동입니다. 그런데 머릿속에 들어 있는 게 없으면 꺼낼 수 있는 것도 없겠지요. 이런 경우는 그냥 글을 못 쓰는 것이 당연합니다.

하지만 앞에서도 이야기했다시피 첫 번째 요소에 해당되는 활동들은 요즘 엄마 아빠들이 아주 잘하고 있는 편이어서 걱정스럽지 않습니다. 2장부터는 아이와 책을 읽고 나서 본격적으로 글을 쓰기 전에 글쓰기 재료를 모으기 위한 책 대화를 제안할 건데요. 아마 이야기를 나누다 보면 우리 아이가 이런 것도 알고 있었네, 우리 아이가 이만큼이나 알고 있었네 하며 감탄을 금치 못하는 순간을 자주 접하게 될 거예요.

참고로 제가 아이들에게 글쓰기 지도를 할 때 반드시 '독서 논술'로 진행하는 이유는 첫 번째 요소에 해당되는 글쓰기 재료를 책의 내용에서 수집한 다음, 두 번째 요소와 세 번째 요소에 대한 도움을 주기 위해서랍니다. 일단 연료를 채워야 자동차가 움직이고 식재료가 있어야 요리를 할 수 있는 것과 같아요.

그렇다면 창의적으로 기억을 조합하는 연습은 어떻게 해야 할까요? 또 머릿속에서 조합한 내용들을 어떻게 하면 글로 잘 표현할 수 있을까요? 이에 대한 본격적인 연습은 2장부터 시작할 예정입니다. 1장에서는 글쓰기의 중요성과 글쓰기를 잘하기 위해 갖추어야 할 마음가짐부터 공유하려고 해요. 그것부터 챙겨야 글쓰기 수업에 대한 진정성과 지속성이 마련될 테니까요.

글쓰기는 머리가 좋아지는 지름길이다

질문 2

글쓰기는 어떤 능력들을 발달시키나요?

발산적 사고와 수렴적 사고가
동시에 발휘되는 글쓰기

★　　　　　미국의 심리학자 조이 길퍼드는 어떤 문제를 해결할 때 필요한 사고의 유형을 발산적 사고와 수렴적 사고 두 가지로 나누었어요. 발산적 사고는 자유로운 질문과 대답을 통해 다양한 아이디어를 자유롭게 쏟아내는 유형이에요. 우리가 보통 '브레인스토밍'이라고 부르는 것이 바로 발산적 사고의 과정이지요. 브레인스토밍을 할 때는 미리 답을 정해 두지 않고 일단 떠오르는 아이디어를 거침없이 쏟아내잖아요. 이때가 바로 발산적 사고가 발휘되는 순간입니다.

발산적 사고는 타고납니다. 누가 가르쳐 주지 않아도 아이들은 상상력, 호기심, 창의력 같은 것을 발휘하며 부끄럼 없이 자신의 생각을 술술 쏟아내지요. 단, 이러한 타고난 능력을 인위적으로 망가뜨리지만 않는다면요. 하지만 우리나라 부모들은 이 타고난 능력을 인위적으로 망가뜨리는 쪽에 속합니다. 바로 조기 교육으로요. 교육 선진국에서는 취학 전까지 문자나 숫자 교육을 금지하는 정책을 펼쳐 나가고 있는데, 이것은 바로 아이들의 타고난 능력인 발산적 사고를 망가뜨리지 않기 위한 조치예요.

그런데 발산적 사고까지만 하는 사람은 산만하고 몽상가라는 느낌을 줄 수 있어요. 발산적 사고는 수렴적 사고를 만나야 빛을 발할 수 있습니다. 수렴적 사고는 다양한 아이디어 중에서 가장 적합한 방법을 찾는 사고의 과정이에요. 수렴적 사고는 발산적 사고와는 달리 타고나는 능력이 아니라서 반드시 후천적으로 훈련을 해야만 유창해져요. 그래서 아이들은 어느 순간부터 자신의 생각을 논리적이고 체계적이고 구체적으로 표현하는 훈련을 시작해야 해요.

수렴적 사고 훈련을 하는 데 글쓰기만 한 것이 없습니다. 어떤 내용을 어떤 어휘를 써서 표현하는 것이 가장 적절할까를 결정하는 것이 수렴적 사고가 발동하는 순간이니까요. 앞에서 글쓰기를 잘하기 위해서 적절한 훈련이 필요하다고 한 것은 바로 이 수렴적 사고의 과정이 필요하기 때문이에요. 그러므로 글쓰기 훈련을 하다 보면 자연스럽게 수렴적 사고에 대한 훈련도 이뤄져요.

게다가 글쓰기는 발산적 사고를 더욱 키워 주기도 해요. 글쓰기를 할 때는 우선 발산적 사고를 통해 어떤 내용으로 채워 나갈지 다양한 고민을 해 보는 시간을 거쳐야 하거든요. 그다음 수렴적 사고를 통해 머릿속에서 다양하게 떠올린 내용 중 주제에 맞는 내용을 골라낸 뒤 그것을 본격적으로 글로 표현할 수 있어야 하지요. 발산적 사고와 수렴적 사고가 동시에 작용되어야 하는 고차원적인 활동입니다.

다시 말해 글쓰기는 발산적 사고로 시작해서 수렴적 사고로 마무리해야 합니다. 앞에서 언급한 글을 잘 쓰기 위한 3요소(17~21쪽)와 연결 지어 생각해 보자면 발산적 사고는 두 번째 요소에서 발휘되고, 수렴적 사고는 두 번째 요소와 세 번째 요소에서 발휘되어야 되겠네요.

발산적 사고와 수렴적 사고를 함께 가동해야 하는 글쓰기! 그야말로 사고력이 발달할 수밖에 없겠지요? 사고력이 발달한다고 하니 너무 추상적이어서 그것이 어떤 의미인지 정확히 와닿지 않을 수도 있어요. 사고력이 발달한다는 것은 생각하는 힘이 커진다는 것이고, 다시 말해 머리가 좋아지는 과정입니다.

창의력, 문해력, 메타인지를 키워 주는 글쓰기

★　　　　　어디 사고력뿐이겠어요. 글쓰기로 발달하는 능력은 한두 가지가 아닙니다. 앞에서 글쓰기는 발산적 사고 과정이 먼저

이루어진다고 했지요? 발산적 사고는 창의력과 연결됩니다. 발산적 사고 자체가 자신의 다양한 생각을 자유롭게 꺼내 놓는 작업이잖아요. 발산적 사고를 할 때는 내 머릿속에 이미 저장되어 있는 정보들을 창의적으로 조합하기도 하고, 저장된 정보들에 새로 조사해서 알게 된 정보들을 창의적으로 조합하기도 합니다. 거기에 다른 사람의 의견이나 조언을 추가하여 또다시 창의적으로 조합할 수도 있고, 참고하기 위해 읽은 다른 사람의 글에서 실마리를 얻어 자신의 것과 창의적으로 조합하는 과정을 거치기도 합니다. 온통 '창의' 투성이죠. 그러니까 글쓰기는 창의력을 키워 주는 활동일 수밖에 없어요.

글을 쓰는 과정에서 문해력이 발달하는 것은 두말할 것도 없겠지요. 문해력을 단순히 글을 읽고 잘 이해할 수 있는 능력이라고 생각하기 쉽지만 그렇다면 독해력과 다를 게 없잖아요. 문해력은 글을 잘 이해하고 정확하게 분석하고 적절하게 판단할 수 있는 능력과 더불어 나의 생각을 말과 글로 잘 표현하는 과정까지 포함하는 능력입니다.

문해력의 중요성이 점점 강조되고 있는 이유는 홍수처럼 범람하고 있는 정보 중에서 정확하고 적절한 것들을 골라낼 수 있는 것도 문해력과 연결되고, 그것을 잘 활용할 수 있는 것도 문해력으로 좌우되기 때문이에요. 또 자신이 가지고 있는 매력과 콘텐츠에 대해 어필하는 것이 중요해져서, 그것들을 말이나 글로 표현할 줄 아는 것이 성공과 실패를 가늠하는 요소가 되었어요. 그런데 공식적인 절차에서는 말하기보다는 글쓰기로 그 능력을 증명해 보일 때가 많잖아요. 그래서 글쓰기의 중요성이 점점 강조되고 있습니다.

아이를 키우는 가정에서는 메타인지에 대한 관심도 클 거예요. 메타인지를 사전에서 찾아 보면 '자신의 인지 과정에 대하여 한 차원 높은 시각에서 관찰·발견·통제하는 정신 작용'이라고 나옵니다. 풀이가 너무 어려워서 정확하게 어떤 의미인지 잘 와닿지 않지요? 쉽고 간단하게 말하자면 메타인지는 자신이 무엇을 알고 무엇을 모르는지를 정확히 파악하는 것을 뜻합니다. 이것이 왜 중요하냐면 내가 무엇을 잘 알고 무엇을 모르는지를 정확하게 알아야 나의 장점을 극대화하면서 나의 단점을 보완할 방법을 찾을 수 있기 때문이에요. 그래서 공부를 진짜 잘하는 아이들은 메타인지가 잘 발달했다고 알려져 있습니다.

글쓰기는 메타인지를 키우는 데도 아주 좋은 훈련이 됩니다. 왜냐고요? 잘 모르면 글로 쓸 수 없기 때문이에요. 메타인지가 없으면 글을 쓰더라도 그 내용이 매우 애매모호하고 허술할 수밖에 없어요. 글을 구체적이고 정확하게 쓰는 연습을 통해 메타인지를 키워 나갈 수 있습니다.

정답을 찾는 글쓰기 VS
생각을 정리하는 글쓰기

★ 사고력이 발달하고 창의력이 발휘되며, 문해력을 다듬고, 메타인지를 키워 나갈 수 있는 글쓰기! 글쓰기를 통해 머리가

좋아지는 것은 정말 시간 문제가 아닐 수 없어요. 우리 아이에게 너무나도 필요한 활동이 되겠지요. 하지만 시키는 대로 쓰는 활동으로는 머리가 좋아질 수 없습니다. 머리가 좋아진다는 것은 생각의 그릇을 키운다는 것을 의미해요. 당연히 창의적이고 주도적이고 능동적인 사고의 과정을 거쳐야 생각의 그릇을 키울 수 있어요.

그런 면에서 볼 때 시키는 대로 글을 쓰는 것은 창의적이지 않고 주도적이지 않으며 능동적이지도 않으므로 생각의 그릇을 키울 수 없습니다. 같은 맥락에서 정답을 찾아야 하는 글쓰기도 머리가 좋아지는 글쓰기에서 제외하겠습니다. 이미 정해져 있는 답을 찾는 것은 역시나 창의적이고 주도적이며 능동적인 사고의 과정을 거치지 않기 때문에 머리가 좋아지는 글쓰기라고 할 수 없습니다.

글쓰기는 과제나 시험처럼 눈에 보이는 결과적인 부분도 물론 중요하지만, 그러한 결과를 향해 나아가는 과정을 통해 셀 수 없이 많은 것들을 얻을 수 있는 은혜로운 활동이랍니다. 스스로 시스템을 작동시켜서 결과물을 출력하는 과정을 통해 아이들은 생각의 그릇을 키우면서 성장하고 진화합니다. 그러므로 글쓰기를 학교 과제를 수월하게 처리하기 위한, 시험 결과를 최대한 끌어올리기 위한 도구라고 과소 평가하면 안 됩니다. 결과보다는 과정을 통해 더 많은 것을 얻을 수 있으니까요.

글쓰기 실력이
밥 먹여 주는 세상이 온다

질문 3

왜 앞으로는 글쓰기가 더 중요해질 거라고들 할까요?

국어만 잘해도
먹고살 수 있어요

★   대략 10여 년 전쯤에 있었던 일이 불현듯 떠오르
네요. 함께 일하던 사람들과 업무 차 미팅을 끝내고 커피를 마시면서
담소를 나누던 중 어느 한 사람이 "요즘은 3개 국어는 기본으로 해야
먹고살지."라고 이야기하면서 웃었어요. 그때 제가 "나는 국어 하나만
해도 먹고사는데."라고 말하면서 더 크게 웃었던 기억이 나요. 당당하
게 이야기하기는 했지만, 사실은 영어 울렁증이 있어서 외국에 나가
면 꿀 먹은 벙어리가 되어 버리는 제 자신을 변호하기 위한 소심한 농

담이었답니다. (일본어도 영어와 비슷한 수준이라 알지만 활용은 못하고 있어요.)

그런데 정말로 국어 실력이 밥 먹여 주는 세상이 도래했습니다. 예전에는 국어 실력은 그냥 우리나라에서 태어나면 별다른 노력을 기울이지 않아도 자연스럽게 습득할 수 있는 것이라고 생각했어요. 한국 사람들은 한국어를 하며 살아가기 때문에 한국에서 태어나 한국어를 못하는 게 이상한 것이라고 여겼지요. 하지만 커다란 반전이 생겼습니다. 문맹률이 낮은 우리나라 국민들은 한국어로 읽고 쓰는 것을 누구나 잘하는 편이지만, 읽고 쓰는 수준에 따라 성취할 수 있는 정도가 확 달라진다는 사실이 밝혀졌어요. 그것이 바로 문해력의 차이였던 것이지요.

사실 문해력이라는 키워드가 흔하게 입에 오르내리지 않았을 때도 이미 성인들은 글을 읽고 쓰는 능력이 얼마나 중요한지 절감하고 있었습니다. 대학교에서 리포트를 쓰거나 논술형 답안지를 작성할 때, 회사에서 기획안을 작성할 때, 가정에서 아이의 과제를 도울 때……. 일상생활에서 글을 쓰는 활동을 할 때마다 글쓰기가 수월하게 이루어지지 않아서 많이 좌절해 봤거든요.

그런데 문해력의 차이가 성적에까지 영향을 미친다는 점은 우리가 그동안 간과했던 더 큰 반전이었지요. 예전에는 그야말로 독서 교육이나 글쓰기 교육은 국·영·수라는 핵심 과목의 성취도를 돕는 부가 능력을 키우는 정도로만 생각했어요. 하면 좋으니까 다른 더 중요한 것들을 충분히 처리한 다음에 남는 자투리 시간을 활용하는 정도라고 나 할까요? 하지만 글을 읽고 쓰는 문해력이 발달해야 교과서 내용도 잘 이해하고 시험 문제도 잘 파악해서 정확하게 풀어낼 수 있다는 의견에 모두가 동의하면서 이제 문해력이 국·영·수 과목을 지배하는 핵심 능력으로 큰 주목을 받고 있어요.

비대면 시대, 글을 쓰는 능력이 주목받고 있다

★   앞으로는 국어 실력, 좀 더 구체적으로 말하면 글쓰기의 중요성이 더욱더 대두될 것입니다. 코로나19 사태로 온 세상이 난리가 났었잖아요. 서로 간의 빗장을 단단히 걸어 잠그고 최대한 접촉을 피했었지요. 나라 간뿐만 아니라 이웃 간의 왕래도 민폐가 되어 버렸고, 온갖 시설이나 영업점들도 잔뜩 위축되면서 그것을 운영하는 사람이나 그것을 이용하는 사람 모두 어려워졌습니다.

그 와중에 매우 주목할 만한 현상이 나타났어요. 온라인상에서 비대면으로 이루어지는 활동들이 활성화된 것이에요. 특히 경제적인 면에서 그것이 두드러집니다. 산업통상자원부에 따르면 2020년 기준으로 오프라인 매출은 전년 대비 3.6퍼센트 감소한 반면 온라인 매출은 18.4퍼센트 상승했다고 해요.

비대면 온라인 시대에는 글쓰기 실력이 무엇보다 절실합니다. 물건을 눈으로 직접 보여 줄 수 없고 말로 자세하게 설명할 수도 없으니, 해당 물건에 어떤 특장점이 있는지를 글로 써서 광고할 수밖에 없어요. 교육도 온라인으로 이루어지는 세상이잖아요. 우리 교육에는 어떤 철학이 담겨 있으며 어떤 비전을 제시할 수 있는지 역시 글로 써서 소비자들에게 홍보해야 합니다. 그래서 글쓰기는 앞으로 사업을 좌우하고 소득을 주도하는 실력이자 권력이 될 거예요.

코로나19 사태가 비대면 온라인 시대를 앞당겼을 뿐이지, 이미 오래전부터 가까운 미래에는 쇼핑도 놀이도 교육도 비대면 온라인으로 이루어질 것이라는 전망이 파다했습니다. 그러니 글쓰기가 사업을 좌우하고 소득을 주도하는 것은 단지 코로나19로 혼란스러워진 시대에 잠시 나타났다 사라질 일시적인 현상이 아니에요. 멀지 않은 미래에는 더 가속화될지도 몰라요.

내가 가진 콘텐츠를
글로 써서 증명해야 하는 세상

★ 글쓰기의 필요성은 온라인 판매 사업에만 국한되느냐고요? 당연히 아니지요. 변화하는 시대와 세대가 점점 더 글쓰기 능력을 요구하고 있어요. 요즘 젊은이들은 스타트업에 많이 뛰어들고 있잖아요. 아이디어가 좋고, 그 아이디어를 실체로 만들어낼 수 있는 추진력만 있다면 고수익, 고성장을 기대할 수 있는 시스템이어서 각광

받고 있어요.

그런데 아이디어와 추진력만으로는 사업이 될 수 없지요. 가장 중요한 요소가 빠졌는걸요. 바로 돈! 사업을 추진할 수 있는 돈을 구하기 위해 스타트업 업체에서 가장 많이 시도하는 것이 바로 투자를 받는 것이에요. 투자를 받기 위해 스타트업 업체에서는 정말 많은 서류들을 심혈을 기울여 작성합니다. 얼마나 좋은 상품인지, 얼마나 획기적인 시스템인지, 얼마나 신선한 아이디어인지를 어필할 수 있어야 투자처에서 흔쾌히 돈을 내놓을 테니까요. 아이디어와 추진력, 그리고 돈 사이에는 글쓰기라는 매개체가 존재하는 셈입니다.

나는 창업에는 관심이 없고 좋은 회사에 입사하겠다고 마음먹었다고 해서 글쓰기가 필요 없는 건 아닙니다. 예전에는 인재를 채용할 때 회사가 자체적으로 만들어 놓은 조직 시스템에 잘 맞춰 일하는 직원을 찾기 위해 그에 걸맞은 기술이나 자격, 스펙 등을 꼼꼼히 살폈습니다. 개성이나 특기보다는 학벌이나 자격증 같은 것에 중점을 두었지요.

하지만 요즘의 경제와 산업은 문화 콘텐츠, e-비즈니스, 플랫폼 비즈니스, 포지셔닝과 브랜딩 같은 키워드들이 이끌어 가고 있습니다. 당연히 회사에서도 시스템대로 움직이는 수동적인 인재가 아니라 창의적인 아이디어가 가득한 능동적인 인재를 원하고 있어요. 그래서 내가 얼마나 창의적인 인재인지를 잘 어필하면 원하는 회사에 입사해서 자신의 재능을 발휘하며 살아갈 수 있습니다.

그 첫 관문은 당연히 자신의 개성과 특기와 잠재력을 '자기소개서'

에 잘 담아내는 것이겠지요. 자기소개서는 쉽게 말해 자기 자신에 대해 어필하는 글이에요. 내가 가진 능력을 객관적으로 전달해야 하는데, 그것을 팩트 중심으로만 전달하면 재미없고 호소력이 떨어지므로 상대방의 마음에 울림을 주는 스토리텔링 안에 자연스럽게 녹여야 해요. 그야말로 글쓰기 중에서도 가장 난도가 높은 축에 속하는 장르이지요. 가장 쓰기 힘든 글 중 하나지만 당연히 잘 써야 하는 글임에는 틀림없습니다. 자기소개서를 자기가 쓰지 못한다면 누가 쓸 수 있겠어요. 자기 이야기를 쓰는 글인데요.

누군가(지인이든 전문업체든)가 자기소개서 쓰는 것을 살짝 도와줘서 다행히 원하던 회사에 입사했다고 하더라도 장애물은 도처에 널려 있을 거예요. 자기소개서에 자신의 개성과 특기와 잠재력에 대해 잘 설명해서 입사했다면, 자신의 개성과 특기와 잠재력을 발휘하여 업무보고서나 사업계획서 혹은 기획안을 작성해서 제출해야 하잖아요. 회사에 입사한 뒤에도 그런 것들을 누군가에게 일일이 도움 받을 수 있을까요? 글을 잘 쓰는 것은 회사 조직 안에서도 절실히 필요한 능력이에요.

저와 같은 프리랜서는 조직에 속해 있지 않으니까 글쓰기 능력이 필요 없을까요? 사실 제 주변에는 출퇴근을 하지 않고 그날그날 내키는 대로 집이나 작업실이나 카페를 선택해 일하는 저를 부러워하는 사람이 많아요. 겉으로 보기에는 편하고 자유로워 보이겠지요. 하지만 프리랜서들 역시 관계자들과 긴밀하게 소통하며 치열하게 협의하는 과정을 수없이 거칩니다. 서로 맞지 않아 신경전을 벌이는 경우도 다반사예요.

조직 내에 있는 사람들끼리는 서로 얼굴 보고 회의하며 의견을 취합해 나가겠지만, 저와 같은 프리랜서들은 가급적 회사에서 미팅하는 것을 지양하기 때문에 이 모든 과정들을 대부분 서류와 이메일로 해결해요. 제 입장에서는 시간과 에너지를 절약할 수 있고 관계자 입장에서도 마찬가지고요. 다시 말해 일석이조의 결과를 낳거든요.

의견을 조절할 때 당연히 글을 잘 써서 상대방을 설득할 수 있으면 아주 좋겠지요. 혹시나 나 때문에 일이 잘못되었을 때는 잘못된 부분에 대해 진정성 있게 사과하면서 앞으로 어떻게 해결해 나갈지에 대한 비전 있는 글을 써서 보낸다면 문제를 원만하게 해결할 수 있을 테고요. 그것이 잘 되면 굳이 대면하거나 통화할 필요가 없어져요. 그래서 프리랜서들에게도 글쓰기는 필수 역량입니다.

요즘은 1인 브랜딩 시대라고 하잖아요. 나에 대해 잘 어필하면 돈과 사람과 기회가 알아서 찾아옵니다. 그래서 글을 잘 쓰면 기회의 문이 열릴 것이고 반대로 글을 못 쓰면 그만큼 기회의 문이 좁아질 거예요. 앞으로는 글쓰기가 더 중요해질 거라며 세상이 글쓰기에 주목하는 이유는 그것이 나와 세상을 연결할 수 있는 수단이기 때문이지요. 앞으로 글쓰기가 아이의 미래를 좌우할 핵심 역량이 될 것이라는 사실은 부정할 수 없는 흐름이에요.

지금은 인공지능으로 대표되는 4차 산업혁명 시대입니다. 인공지능이 할 수 있는 일이 무궁무진할 뿐만 아니라 인간의 능력을 월등히 초과하는 분야도 부지기수라고는 하지만, 나 자신을 설명하고 표현하는 것은 나 자신밖에 할 수가 없어요. 인공지능의 도움을 얻을 수 없는 몇 안 되는 활동 중에 하나예요. 그래서 나 자신이 스스로 갈고닦아야 하는 능력이며, 성인이 되기 전에 완성해야 하는 능력이기도 합니다.

아이디어만 많은 아이 VS
글만 잘 쓰는 아이, 누가 잘 쓸까?

질문 4

글쓰기 교육, 언제부터 시작해야 할까요?

유아들에게조차
문제집을 풀 것을 권하는 세상

★   저는 SNS Social Network Service와는 담을 쌓고 사는
사람 중 한 명이었어요. 그런데 요즘에는 SNS를 통해 제가 관심 있는
분야에 대한 흐름을 읽고 관심사가 같은 사람들과 소통하고 있어요.
제가 잘 알지 못했던 정보도 얻게 되고, 열심히 살아가는 사람들의 모
습을 보면 동기 부여도 돼서 SNS에 문외한이었던 시절보다 지금이 훨
씬 좋습니다.

그런데 SNS를 살피다 보면 한숨짓는 때도 종종 있습니다. 특히 아

직 어린아이가 고사리 같은 손으로 연필을 꽉 쥐고 문제집을 풀고 있는 모습을 볼 때가 가장 마음이 무거워요. 제가 아이들에게 독서와 글쓰기 코칭을 하고 있어서 그런지, 특히 유아들이 독해력 문제집을 풀고 있는 모습을 볼 때가 가장 마음이 아픕니다. 독해력 문제집을 푼다고 유아들의 독해력이 향상되는 것은 아니거든요.

독해력이라는 것은 일단 글을 많이 읽어야, 게다가 제대로 잘 읽어야 키워지는 능력이에요. 당연히 독해력은 쓰기가 아니라 읽기를 통해 발달하게 됩니다. 유아기 때는 그림책을 제대로만 읽어도 독해력의 기반이 튼튼하게 만들어지는데, 왜 굳이 아이가 싫어하고 어려워하는 독해력 문제집을 강제로 시켜서 자연스럽게 발달할 수 있는 능력을 억지스럽게 조작하려고 하는지 안타까울 뿐이에요.

어휘력 문제집은 또 어떻고요. 문제집으로 어휘력을 발달시키는 방법 역시 효율이 아주 떨어지는 작전이에요. 어휘력 발달 역시 제대로 된 독서만으로 충분합니다. 독서보다 더 좋은 방법도 있어요. 대화요! 엄마 아빠와 나누는 대화가 아이의 어휘력 향상을 위한 가장 빠른 지름길이랍니다. 이때 매번 나누는 일상 언어들로만 표현할 것이 아니라, 아이가 호기심을 보일 수 있는 새로운 어휘를 은근슬쩍 섞어 이야기하면 더욱 좋아요.

아이가 낯선 단어에 호기심을 보이며 무슨 뜻인지 물어보면 쉽고 친절하게 대답해 주면 되는데, 혹시나 아이가 낯선 단어에 대해 묻지 않는다고 실망할 필요는 없어요. 아이가 이야기의 맥락 속에서 그 단어의 뜻을 유추했을 수도 있으니까요. 더 높은 수준의 능력이지요. 하지만 아이가 모르는 단어가 있어서 무슨 말인지 이해를 잘 못했을 만도 한데 묻지 않는다면, 이것은 아이가 대화에 집중하지 않고 있거나 평소 대화할 때도 부모와 아이 사이에 상호 작용이 잘 안 되고 있을 가능성이 커요. 이 경우라면 부모와의 대화가 아이의 어휘력을 키워주는 데 큰 도움이 되지 않을 것입니다.

독해력 문제집은
글쓰기를 싫어하게 만드는 첫 단추

★   아직 어린아이들에게 일찍부터 독해력이나 어휘력 문제집을 권하는 이유는 아이가 글쓰기를 시작해야 하는 시기가 됐을 때 더 잘하게 하기 위한 준비운동이 되리라는 기대 때문일 거예요. 하지만 저는 반대합니다. 단지 독서와 대화만으로도 충분하기 때문만은 아닙니다. 부작용을 우려해서예요.

이것은 저의 가설이지만, 너무 어릴 때부터 글자 쓰기를 강요하는 것이 아이에게 글쓰기에 대한 거부감을 심어주는 첫 단추가 아닐까 싶어요. 손이나 손가락의 움직임을 관할하는 근육을 소근육이라고 하는데, 소근육 발달은 생후 1년부터 취학 전까지 발달한다고 알려져 있어요. 그래서 유아기 때는 손을 이용한 활동을 많이 하여 소근육 발달을 촉진시킬 것을 권장합니다. 소근육 발달이 두뇌 발달로도 이어지거든요.

그런데 유아기 때는 아직 소근육 발달이 완벽하게 이루어지지 않은 상태이기 때문에 연필을 잡고 정교하게 글자를 쓰는 것이 많이 힘들어요. 소근육 발달이 생후 1년부터 취학 전까지 이루어진다고 이야기했지만 그것은 보편적인 기준일 뿐 분명 그보다 더 느린 아이도 있습니다. 더 느린 아이는 더 힘들 수밖에 없고요. 손과 손가락 근육이 아직 정교하게 발달하지 못해서 글자를 쓰는 것이 너무 힘든데, 그럼에도 불구하고 글자 쓰기를 계속 강요받으니 글쓰기의 출발점부터 고통과 고난을 안고 가야 하는 셈이지요.

게다가 시중에 판매되는 독해력, 어휘력 문제집은 정답을 찾는 문제 위주로 이루어져 있어요. 앞에서 교육 선진국들은 아이들의 발산적 사고가 망가지는 것을 막기 위해 취학 전까지 문자나 숫자 교육을 금지하는 정책을 펼쳐나가고 있다고 말씀드렸지요. 그런데 정답을 찾는 활동은 발산적 사고를 망가뜨리는 결과를 초래합니다.

아인슈타인은 "정규 교육 속에서 호기심이 살아남는다는 것은 일종의 기적이다."라는 명언을 남겼는데, 교육자가 일방적으로 짜 놓은 커리큘럼 안에서 정답을 찾게 하는 순간 아이들은 호기심을 잃는다는 뜻이에요. 다시 말해 정답 찾기를 강요하는 환경에서는 발산적 사고가 닫혀 버린다는 사실을 경고하는 말이겠지요.

유아기 때는 다양한 경험을
축석하는 것이 중요하다

★　　　　　　　저와 같은 성인들은 각자가 일하는 분야에서 얼마나 유능한지를 늘 증명해야 하고 평가받는 과정을 거칩니다. 그 업무를 하며 대가를 받기 때문에 성과를 보여 줄 수밖에 없어요. 하지만 아이들은 다릅니다. 한참 성장하는 단계잖아요. 아직 완성되지 않은 단계잖아요. 이런 아이들에게 문제집을 풀게 하면서 얼마나 잘하고 못하는지 확인하는 과정이 왜 필요할까요?

글쓰기를 잘하는 아이로 키우고 싶다면 유아기에는 정보와 어휘를 많이 담아두는 것이 중요합니다. 다양한 경험을 통해서요. 이것은 앞에서 설명한 글을 잘 쓰기 위해 갖추어야 할 첫 번째 요소를 채워 나가는 과정이에요. 다양한 체험 활동(직접 경험), 독서(간접 경험), 대화, 놀이 등을 통해 보고 듣고 배운 것들을 머릿속에 차곡차곡 저장해 놓는 것이지요. 이런 것들을 많이 저장해 둘수록 나중에 글쓰기를 본격적으로 시작할 때 꺼내 쓸 수 있는 재료가 풍부해집니다.

글쓰기 재료가 풍부한 아이들은 요령만 터득하면 어렵지 않게 자신만의 철학과 경험이 담긴 나만의 멋진 글을 써 내려갈 수 있어요. 하지만 글쓰기 재료가 없으면 문장력이 있다 해도 나만의 멋진 글을 써 내려가는 데 어려움을 겪습니다. 자동차에 비유해 볼까요? 내비게이션이 가장 좋은 코스를 섬세하게 알려 줘도 연료가 채워져 있지 않으면 아예 움직일 수조차 없겠지요.

글쓰기는 엉망이지만
글쓰기 재료가 풍부한 아이

★   제가 코칭을 했던 아이들을 사례로 들어 이야기하면 아마 더 마음에 와닿을 거예요. 3학년 정환이는 아는 것이 많은데다가 엉뚱한 아이디어도 많아서 늘 이야깃거리가 풍부했어요. 그런데 글을 정말 못 썼습니다. 일단 글씨부터 엉망이었어요. 제가 그 아이의 글씨를 볼 때마다 "이것이 아랍어냐 일본어냐. 나는 해석을 못하겠다." 라고 농담을 할 정도였습니다. 문장력과 구성력도 엉망이었어요. 맞춤법은 두말할 것도 없고요. 엄마조차도 알아볼 수 없는 아이의 글 때문에 걱정을 많이 했어요.

하지만 정환이는 어렸을 때부터 다양한 체험과 독서를 통해 풍부한 지식을 쌓아 왔고, 문장력이 부족해서 잘 드러나지 않았을 뿐이지 글을 쓸 때 수준 높은 어휘를 적시에 사용할 줄도 알았습니다. 그래서 자신이 쓴 글을 천천히 다시 소리 내어 읽으면서 어떤 부분을 어떻게 고치면 좋을지를 저와 함께 찾아보는 과정을 계속 되풀이했어요. 수정 방향이 잡히면 그대로 다시 써 보면서 문장을 가다듬어 나갔습니다. 그렇게 한 문장 한 문장 바르고 정확하게 쓰는 것에 익숙해지자, 글을 전체적으로 어떻게 구성해야 나의 생각을 조리 있게 전달할 수 있는지에 대해서 의논하기 시작했답니다. 그 과정에서 구성력도 눈에 띄게 좋아졌지요. 그러자 자신만의 독특한 철학과 다양한 경험을 글로 정확하게 표현하게 되었어요.

맞춤법 지도는 따로 하지 않았습니다. 문장을 바르고 정확하게 표현하면서 전체적으로 어떤 구성으로 진개힐지 찌ᄂ 것만으로도 고도의 사고력을 발휘해야 하거든요. 이때 맞춤법을 지적하면 문장을 다듬어 나가는 데 집중할 수 없게 됩니다. 잦은 지적으로 인해 자신감과 효능감이 떨어질 수도 있고요. 물론 맞춤법을 간과할 수는 없지요. 하지만 자신이 쓴 글을 꼼꼼하게 읽어 보면서 수정하는 과정을 거치면 맞춤법은 저절로 개선됩니다.

만약 이 과정을 거쳐도 맞춤법이 개선되지 않으면, 저는 그제야 아이가 습관처럼 반복해서 틀리는 글자 서너 개부터 교정해 주기 시작해요. 한꺼번에 많이 교정해 준다고 해서 아이가 그것을 다 수용할 수도 없을 뿐만 아니라, 마찬가지로 지적과 평가는 아이의 자신감과 효능감에 독이 되기 때문이에요. 글쓰기 자체도 어려운데 맞춤법 때문에 글쓰기가 더 싫어지면 안 되잖아요.

글쓰기는 잘하지만
글쓰기 재료가 빈약한 아이

★   제가 코칭했던 또 다른 3학년 아이 가윤이에 대한 이야기를 들려 드릴게요. 어느 날 가윤이 엄마가 찾아와 아이가 글쓰기를 너무 좋아해서 글짓기 대회에 나가 보면 좋겠는데 제게 수업을 받을 수 있겠느냐고 물었어요. 가윤이는 동네에서 소문난 모범생이었

습니다. 학교나 학원에서 모두 칭찬이 자자한 아이였지요.

가윤이 엄마는 그동안 가윤이가 쓴 글들이 담긴 공책을 제게 내밀 었는데, 그것을 보자마자 '와!' 하고 감탄사가 터지더라고요. 마치 컴퓨 터로 타이핑한 것처럼 바르고 예쁜 글씨체로, 3학년 아이가 혼자 쓴 것이 맞나 싶을 만큼 세 페이지가 빽빽하게 채워져 있었어요. 정말 글 쓰기를 좋아하고 잘하나 보다 생각했지요.

그런데 글의 내용을 꼼꼼히 읽어 보니 반전이 있더라고요. 세 페이 지가 글로 빽빽하게 채워져 있으나 별 내용이 없는 거예요. 썼던 글을 표현만 조금 달리해서 여러 번 반복해서 쓰고, 주제와 동떨어진 내용 도 여기저기 포함되어 있었어요. 앞부분에서는 이렇게 썼는데 뒷부분 에서는 이야기가 완전히 달라지는 경우도 있었고요. 난감했습니다. 맞춤법도 정확한 편이고 문장도 잘 쓰는 편이었으나, 내용에서 아무 런 개성이나 특장점이 느껴지지 않았지요. 한마디로 글이 참 재미가 없었습니다.

하지만 하나의 글만 보고서 아이를 판단할 수가 없으니 일단 수업 을 진행해 보기로 했어요. 역시나 예상은 빗나가지 않았어요. 저와 함 께 책을 읽고 글쓰기를 진행하는 아이들은 사실적 사고력을 키워 주 는 문제와 확장적 사고력을 키워 주는 문제를 함께 해결해야 해요. 사 실적 사고력을 키워 주는 문제에는 정답이 있으나, 확장적 사고력을 키워 주는 문제에는 정답이 없고 자신의 생각을 자유롭게 써야 합니 다. 그런데 가윤이는 정답이 있는 문제는 잘 해결하는데 자신의 생각을 자유롭게 표현해야 하는 문제를 굉장히 힘들어하더라고요. 까다롭지 않은 문제임에도 불구하고요.

유아기 때부터 문제집에 길들여진 아이들, 다시 말해 정답을 찾아 쓰고 그 정답이 맞는지 채점한 뒤, 점수에 대한 평가를 경험해 본 아이들에게 나타나는 전형적인 특징이에요. 정답을 찾는 것에 익숙해져 있으니까 정답이 없는 문제를 낯설어하는 한편, 틀리면 어떡하나 불안해하는 거예요.

유아기에는 글쓰기가 아닌
말하기로 생각을 표현하기

★　　　　　　　유아기에는 독해력, 어휘력 문제집을 푸는 것보다 나중에 글을 쓸 때 재료로 활용할 지식과 어휘들을 많이 담아 두기에 중점을 둬야 합니다. 그것이 가장 중요하고, 그것만으로도 충분합니다. 정서·인지·신체 발달 단계 측면에서 다각적으로 판단해도 유아기는 연필을 쥐고 문제집을 풀 시기가 아닙니다. 직접 보고 듣고 만지고 부딪치면서 오감을 통해 새로운 정보를 입력하고 신기한 현상을 체득해야 하는 시기예요.

물론 유아기 때도 글을 잘 쓰기 위해 필요한 두 번째 요소, 즉 '정보를 창의적으로 조합'하는 과정까지 도전해 볼 수 있습니다. 하지만 아직 소근육이 발달하지 않은 유아에게 연필을 쥐어 주면서 글로 써 보라고 할 것이 아니라 말로 표현하는 연습부터 하게 해 주세요. 책을 읽고 나서 아이의 생각을 확장할 수 있는 대화를 나누는 방법은 저의 또 다른 책 『공부머리 만드는 초등 문해력 수업』에 자세히 나와 있습니다.

언어 발달 과정에 의하면 아이들은 글에 앞서 말로 자기의 생각을 표현할 수 있어요. 유아기에는 말로 충분히 자신의 생각을 표현할 수 있답니다. 이 시기에 적절한 질문을 통해 아이가 자신의 생각을 자유롭게 이야기할 수 있는 기회를 많이 만들어 주면 그것보다 좋은 글쓰기 준비운동이 없습니다. 말로 자신의 생각을 잘 표현할 수 있는 아이는 글로도 잘 표현할 수 있거든요. 유아기 글쓰기 준비운동은 학습지가 아니라 바로 말하기로 시작해야 합니다.

글쓰기 교육,
급할수록 돌아가야 한다

질문 5

글쓰기 교육, 엄마표가 될까요?

**글쓰기 훈련의 시작은
관계 형성부터 탄탄하게!**

★   앞에서 제게 처음 글쓰기 수업을 받으러 들어오는
아이들은 대부분 얼굴이 어둡다고 했던 것 기억나시지요? 그런데 학
년이 높을수록 얼굴에 드리워진 어두움이 더 짙습니다. 글쓰기의 괴
로움을 더 많이 경험한 아이들이기 때문에 글쓰기 수업에 대한 거부
감도 더 클 수밖에 없겠지요. 이런 아이들은 글쓰기에 대한 효능감이
상당히 떨어져 있는 상태라 실제로 수업을 진행했을 때 상당히 위축
된 모습을 보여요. 충분히 알 만한 내용도 자신이 없어 더듬더듬 대답

하고, 어렵지 않은 수준의 글쓰기도 아무도 보지 않았으면 하는 마음이 간절한지 잔뜩 웅크린 채 손으로 가리고 써 내려가요.

그래서 저는 아이의 신뢰를 얻기 위한 작업부터 들어갑니다. 일단 들어오는 순간부터 두 팔 벌려 열렬히 환영해 줘요. 인사도 요란스럽게 하고 소소한 농담도 주고받습니다. 그날의 옷 스타일이나 바뀐 머리 모양에도 관심을 보이고, 이번 주에는 어떤 일이 있었는지 아이의 일상에 호기심을 나타내기도 해요. 아이와 가까워지기 위해 아이가 좋아하는 게임을 직접 해 본 다음 이야기를 나눈 적도 많답니다.

제가 이렇게 하는 데는 분명한 이유가 있습니다. 아이가 글쓰기 자체에 대해 효능감이 매우 떨어져 있는 상태인데 낯선 사람 앞에서 쓰려면 얼마나 더 부끄럽고 두렵겠어요. 그동안 그랬던 것처럼 부정적인 피드백을 받을까 봐 노심초사겠지요. 그래서 이것저것 가르쳐 주기에 앞서 최대한 저를 편안하고 안정적인 상대, 신뢰할 수 있는 상대로 인식할 수 있도록 벽부터 허무는 거예요. 실수를 해도 부끄러워하지 않고 계속 도전하고, 부족함이 느껴지면 망설이지 않고 당당하게 도움을 요청할 수 있어야 하니까요.

그래서 무슨 말인지 해석이 불가할 정도로 엉망으로 글을 써도 머리를 쓰다듬으며 격려해 줍니다. 이렇게 말이지요.

"못하니까 선생님한테 배우러 왔지. 잘하면 왜 배우러 오겠니. 가르치러 와야지. 그렇지?"

그럼 위축됐던 아이는 처음으로 배시시 웃으며 대답해요.

"맞아요!"

글쓰기 훈련 역시
최고의 선생님은 엄마!

★   글쓰기에 어려움을 느끼는 아이들은 잘하든 못하
든 일단 머릿속에 있는 것을 자꾸 글로 써 보는 연습부터 해야 해요.
당연히 처음부터 잘할 수는 없어요. 그래서 처음에는 그냥 써 보게
합니다. 이렇게도 해 보고 저렇게도 해 보면서 일단 쓰기에 대한 거부
감부터 없애고 생각을 표현하는 연습을 해 보는 거예요.

이 단계에서는 절대로 지적이나 평가를 하지 말아 주세요. 효능감
이 떨어져 있는 아이들에게 지적이나 평가는 완전히 독이에요. 일단
쓰기에 대한 거부감부터 없애 주고, 그다음 쓰기에 익숙해지면('능숙'
과 '익숙'은 다릅니다.) 그때부터는 좀 시도해 볼 만한 미션을 마련할 수
있어요. 글의 내용이 엉망이어도 괜찮아요. 엉망이면 뭐가 문제인지
조력자인 엄마나 아빠와 함께 찾아보고 더 좋은 글로 표현할 수 있는
방법에 대해 의논하면 되니까요. 엉뚱해도 좋습니다. 엉뚱하더라도 그
렇게 생각하는 이유를 논리적으로 설명하면 되거든요.

그것이 바로 논술이에요. 논술은 절대로 정답을 찾는 활동이 아닙
니다. 남들과 다른 나의 생각을 논리적인 근거, 즉 논거를 들어 설명
하여 그 글을 읽는 상대방을 설득하는 활동입니다. 그러니까 아이의

엉뚱한 생각을 구체적인 논거로 설명할 수 있도록 도와주면 돼요. 하지만 이 모든 것은 아이가 자신의 것을 꺼내 놓아야 가능해져요. 아이가 자신의 것을 꺼내 놓아야 어떤 점이 부족한지 파악되면서 어떻게 도와줘야 할지도 가늠이 되거든요. 많이 꺼내 놓을수록 더 많은 것을 도와줄 수 있어요,

아이가 자신의 것을 꺼내 놓지 않으면 어쩔 수 없이 가이드라인을 줄 수밖에 없어요. 가이드라인을 주면 주제에 맞는 글을 더 쉽게, 그리고 더 잘 쓸 거예요. 그러나 가이드라인에 맞게 쓰는 글쓰기는 교육적으로 큰 의미가 없습니다. 그것은 논술보다는 받아쓰기에 가까우니까요. 빈칸을 '글자'로 채워나갈 수 있을지는 몰라도 '글'을 잘 쓸 수 있는 힘은 길러지지 않습니다. 이것은 진정한 글쓰기 훈련이 아니라고 생각해요. 글쓰기 훈련은 아이가 스스로 문제를 이해한 뒤 어떻게 쓸지 설계하고 그것을 글로 표현할 수 있도록 해야 해요.

글쓰기 훈련을 할 때 가장 중요한 것이 자신의 것을 꺼내 놓는 것인데, 엄마(또는 아빠, 이하 엄마로 통칭할게요.) 입장에서 가장 힘든 부분역시 아이로 하여금 자신의 것을 꺼내도록 유도하는 일이에요. 글쓰기에 대해 어려움을 겪는 아이, 글쓰기에 대해 좌절의 경험이 많은 아이일수록 자신의 것을 꺼내 놓기를 더 꺼려하는 모습을 보입니다. 참 난감하죠. 가장 중요한 일인데 가장 어려운 일이니까요.

이 어려운 일을 한 달에 교육비 몇만 원을 받는 강사들이 책임져 줄까요? 강사들은 그럴 만한 시간도 없고, 그럴 만한 명분도 없습니다.

미리 짜 놓은 가이드라인에 맞춰 정해진 시간 안에 빈칸을 채우도록 하면 되는데 굳이 먼 길을 돌아갈 필요가 없잖아요. 또한 아이가 자신의 것을 꺼낼 수 있도록 도와주고 기다려 주는 교수법은 가이드라인을 제시해 주는 교수법보다 효과가 미미하고 더딥니다. 그러니 이해관계로 만난 강사들이 그런 위험을 감수할 이유가 없어요. 당장 보이는 것이 있어야 체면도 서고 신뢰도 쌓을 수 있을 테니까요. 그러면 수강 기간이 길어지겠지요.

그래서 글쓰기 훈련에서도 최고의 교수법은 '엄마표'(물론 아빠표도 좋습니다. 이 책에서는 엄마표, 아빠표 모두를 '엄마표'로 통칭하겠습니다.)로부터 시작됩니다. 아이가 자신의 것을 꺼내 놓을 수 있을 때까지 충분히 기다려 줄 수 있는 사람, 아이의 특장점뿐만 아니라 약점까지도 잘 알고 있는 사람, 아이와 일상을 공유하기 때문에 아이가 어떤 경험담을 떠올릴 때 함께 웃으며 맞장구쳐 줄 수 있는 사람은 바로 엄마잖아요.

엄마표 글쓰기 훈련은 시간이 아주 오래 걸리는 경우가 많지만, 의외로 아이가 금세 감을 잡고 얼마 안 가 멋들어진 글을 쓰기 시작할 수도 있어요. 제가 가르치는 아이의 엄마 중에서 처음 상담했을 때 아이가 글을 쓰는 것을 너무 싫어하고 엉망진창이어서 담임선생님이 사교육을 권했을 정도라고 속상해 하던 분이 있었어요. 하지만 그 아이는 7~8개월 공부하고 나서 보란 듯이 교실 내 에이스가 되었습니다.

저는 아이들을 전문적으로 가르치는 사람이니까 엄청난 비결이 있을 것이라고요? 사실 그런 것은 딱히 없습니다. 비결이라고 하면 그룹으로 수업을 하기는 하지만 아이들의 특장점, 약점을 파악하여 아이들마다 수업의 목표를 따로 잡는 것밖에는 없습니다. 이것이 바로 '개별화 수업'인데, 엄마표에서는 당연히 내 아이에게 딱 맞춘 개별화 수업이 이루어질 수 있잖아요. 그러니 엄마표에 적절한 교수법만 추가되면 글쓰기 훈련은 성공적으로 진행될 것입니다.

공교육으로 불가능한 개별화 수업, 엄마표로 시작하자!

★   글쓰기 교육은 뭔가가 좀 복잡하지요? 일선에서 엄마들의 고민을 들어 보면 영어나 수학 같은 것은 엄마표로 할 자신이 있는데 글쓰기는 엄마표로 가르치기가 두렵다고 합니다. 뭘 어떻게 도와줘야 할지 엄마들조차 감을 잡을 수 없다고 하더라고요. 저는 그 이유가 글쓰기에는 정답이 없기 때문인 것 같아요. 정답이 있으면 그 정답을 찾을 수 있는 방법만 알려 주면 되는데, 글쓰기는 생각을 정리하는 것이기 때문에 너무 애매한 거예요. 생각은 사람마다 다 다르고 또 추상적이잖아요.

정답이 없기 때문에 아이의 특장점을 살리고 약점을 보완할 수 있는 개별화 수업이 절실할 수밖에 없어요. 하지만 우리의 교육 현장은 어떤가요? 학교에서도 가정에서도, 아이가 초등학생이 되면 당연히 글을 잘 쓸 수 있을 것이라고 생각합니다. 그래서 학교에서도 1학년부터 일기 쓰기 숙제를 낭연한 듯이 내 주고, 2학년부터는 독서록 쓰기 숙제를 으레 내 주기 시작하지요.

학교에서 당연히 그런 숙제들을 내 주니 부모님도 그맘때 그런 숙제를 하는 것을 당연하게 생각합니다. 담임선생님이 3학년 아이에게 열 살이 되었으면 무조건 열 줄 이상 써야 한다고 과제를 내 주어 아이가 너무 힘들어한다고 하소연하는 지인이 있었는데, 글쓰기에 대해 제대로 된 교육 없이 무조건 열 줄 이상 쓰라고 지시한 선생님을 원망하는 것이 아니라 3학년이 되어도 글쓰기 과제를 소화하지 못하는 아이의 능력치를 걱정하더라고요.

제대로 훈련이 되지 않은 상태에서 무조건 쓰라고 강요하면 아이는 뭘 어떻게 해야 할지 몰라 좌절감을 느껴요. 어떻게 해야 할지 몰라 좌절하고 있는 아이에게 "왜 너는 이것밖에 못하니?"라고 비난하는 평가를 하거나 "남들은 다 하는데 왜 너는 못해?"라고 비교하는 평가를 하면 아이는 수치심마저 느끼게 되지요. 좌절감과 수치심을 느낀 아이는 글쓰기를 더 어려워하거나 거부하는 모습을 보일지도 몰라요. 제게 글쓰기를 배우러 오는 아이들 중에 얼굴에 검은 그림자가 드리워져 있고 입이 댓 발 나와 있는 아이들은 십중팔구 이 경우에 속할걸요.

공교육에서 글쓰기에 대한 기본기를 탄탄하게 쌓아 주면 좋겠지만 잘 알다시피 우리나라 공교육에서는 글쓰기가 대한 정규 시간이 마련되어 있지 않습니다. 그래서 어쩔 수 없이 엄마들은 사교육을 찾아 나서고 있는 형편이지요. 글쓰기는 아이의 특징과 수준에 맞는 개별화 수업이어야 효율적이라고 이야기했었지요. 그런데 사교육으로도 개인 과외 아니고서는 개별화 수업이 어려울 것입니다. 여러 아이들의 각자 다른 수준과 속도를 일일이 감안할 수가 없으니까요. 그냥 정해 놓은 커리큘럼대로 굴러갈 뿐이지요.

잘하는 아이는 그룹 수업을 받든 개인 과외를 받든 이미 자신이 가지고 있는 재능을 발휘하면서 알아서 잘할 것입니다. 그런데 아직 못 하는 아이라면, 또한 너무 어려워하는 아이라면 맞춤식 개별화 수업이 반드시 필요해요. 개별화 수업을 위해 개인 과외를 선택한다고 하더라도 아마 선생님의 역량에 따라 결과가 많이 달라질 거예요. 가장 확실하면서도 가장 효율적인 개별화 수업은 바로 엄마표입니다.

어디에서부터 어떻게 시작해야 할지 막막하다고요? 그건 걱정 마세요. 엄마표 글쓰기 수업에서 어떤 점에 초점을 맞추어 진행하면 되는지는 2~5장에서 구체적으로 제시하고 있어요. 책의 내용을 참고해서 적절한 도움을 준다면 아이는 스스로 진화해 나갈 것입니다. 엄마 아빠가 생각하는 것보다 아이는 글쓰기에 큰 재능을 갖고 있을지도 몰라요. 다만 방법을 몰라 아직 그 재능을 발휘하지 못하고 있을 뿐입니다.

서술형·논술형 글쓰기는
훈련으로 완성된다

질문 6

글쓰기 실력, 타고나는 것 아닌가요?

언어 지능이 우수하다는
아들의 글쓰기 실력

★ 과거에는 무조건 IQ가 높으면 공부뿐만 아니라 모든 영역에서 우수하다는 판단을 했잖아요. 그런데 미국의 심리학자 하워드 가드너가 '다중지능 이론'을 발표한 뒤에는 이런 획일적인 지능관이 좀 수그러들었지요. 가드너는 언어 지능, 논리수학 지능, 공간 지능, 음악 지능, 신체 협응 지능, 인간 친화 지능, 자기 성찰 지능, 자연 친화 지능, 실존적 지능으로 나누어지는 9개의 지능 영역이 있다고 보았어요. 그러면서 개인마다 강점과 약점이 있으며, 강점은 개발하고

약점은 보완할 수 있을 뿐만 아니라, 각각의 지능 영역이 상호 작용을 할 수도 있음을 강조했답니다. IQ 중심의 획일적인 지능관에서는 지능은 변하지 않는 고정적인 것이라고 보는 경향이 강했으나 다중지능 이론에서는 환경, 교육, 문화에 따라 가변적일 수 있음을 이야기하고 있지요.

제 아들의 경우, 초등학교 1학년 때 관련 기관에서 지능검사를 했는데 언어 지능이 가장 높다는 결과가 나왔어요. 저는 굉장히 의외였습니다. 제가 그동안 관찰한 바로는 제 아들은 논리수학 지능이 가장 뛰어날 것이라고 생각했거든요. 제 생각과는 달리 언어 지능이 높은 아이라고 하니 좀 당황스러우면서 그래도 나를 닮았구나, 내 아들이 맞구나 싶어 왠지 모르게 더 애틋해지는 것 같았어요.

그런데 시간이 흐르면서 과연 언어 지능이 높은 아이가 맞는 건지 수시로 의심이 들었습니다. 2학년이 되어 학교에서 본격적으로 일기, 독서록, 배움 공책 같은 글쓰기 과제들이 줄줄이 나오는데 아이가 쓴 글을 보면 도대체 무슨 말을 하고 있는지 그야말로 '해독'을 해야 하는 수준이었어요. 우리는 보통 무슨 말인지 당최 알아볼 수 없는 암호는 해석을 한다고 하지 않고 해독을 한다고 표현하잖아요. 제 아들의 글이 딱 해독이 필요한 수준이었습니다.

해독을 하고 나면 '와, 이런 내용을 쓰고 싶었구나. 정말 기발한데?'라는 생각이 들었지만 해독에 성공하기까지 시간과 에너지가 상당히 소모됐어요. 저는 엄마니까 해독이 필요한 아들의 글을 인내심을 갖고 꼼꼼하게 읽어 주었지만 다른 누가 그렇게까지 하겠어요? 당연히 담임선생님으로부터 엄마가 집에서 글쓰기 지도를 해 주면 좋겠다는 요청을 받았습니다.

한 문장 한 문장 정확하게 표현하는 연습부터 시작했어요. 맞춤법을 많이 틀리기는 했지만 지적하지는 않았습니다. 처음에는 문장을 짧고 정확하게 쓰는 데만 집중했어요. 그다음은 문장과 문장을 매끄럽게 연결하는 연습을 했고, 그다음은 자신이 쓴 글을 소리 내어 읽으며 부족하거나 틀린 부분을 찾아 다시 고쳐 쓰는 연습을 했습니다. 고쳐 쓰는 연습을 거치면서 아이는 자신이 틀린 글자까지 하나둘 찾아내기 시작했고, 맞춤법 교정도 자연스럽게 이루어졌어요. 정확하게 읽고 쓰는 연습을 하다 보면 맞춤법은 서서히 좋아지니까 너무 걱정하지 않아도 됩니다.

그렇게 연습을 하다 보니 아이가 글쓰기에 자신감을 보이기 시작했고, 또 제가 보기에도 2학년 아이 치고 글을 잘 쓰는 편이라는 판단이 섰어요. 그때 우연히 법무부와 소년조선일보사에서 주최한 '헌법사랑 글짓기 대회' 공고를 보았는데, 아이가 자신이 재학 중인 초등학교의 '양심 우산 제도'에 대해 써 보고 싶다는 소망을 밝히더라고요. 글짓기 대회 주제가 '우리 모두가 규칙을 잘 지켜서 행복했던 경험'에 대해 쓰는 것이었는데, 보자마자 양심 우산을 떠올렸습니다. 양심 우산 제도는 학교에 비치되어 있는 우산을 필요할 때 쓰고 양심껏 제자리에 돌려놓아야 하는 규칙이었는데, 우산을 안 가졌을 때 몇 번 양심 우산을 이용해 보고는 그 규칙이 아주 마음에 들었는지 글짓기 소재로써 보고 싶어 했어요.

열심히 준비해서 고학년 형 누나들과의 경쟁에서 당당히 장려상을 받았어요. 불과 몇 개월 전까지만 해도 해독을 해야 할 지경이었던 아이의 글쓰기 실력이 글짓기 대회에 도전해 볼 만큼 발전한 것이 너무 기특했습니다. 그러면서 확신하게 되었지요. 글쓰기는 반드시 후천적으로 훈련을 해야 제대로 발휘할 수 있는 능력이라는 사실을요.

제 아들이 지능검사를 통해 언어 지능이 우수하다는 평가를 받았다는 것은 그 능력이 뛰어나다는 뜻이잖아요. 그런데 체계적인 훈련을 받지 않으니 뛰어난 능력조차도 무색해져 버렸지요. 그러니 때가 되면 알아서 잘하리라는 생각은 당장 버려야 할 것 같아요. 우수한 능력조차도 제대로 된 훈련을 받지 않으면 무용지물이 될 수 있어요.

논리적인 글쓰기는
반드시 훈련이 필요하다

★　　　　　　글쓰기를 못하고 힘들어하고 어려워하는 아이들의 글을 읽어 보면 비슷한 유형을 관찰할 수 있습니다. 앞에서 했던 말을 표현만 조금 다르게 여러 번 반복해서 지루하게 느껴지거나, 표현을 정확하게 하지 못해 무슨 말인지 이해가 잘 안 되거나, 핵심 내용이 없어서 속 빈 강정처럼 느껴지거나, 너무 대충 짧게 써서 설명이

완전하지 않거나, 본인도 왜 그렇게 썼는지 설명이 불가할 만큼 생각 없이 썼거나, 너무 뻔한 내용이어서 아무런 감흥도 느껴지지 않는 경우 중 하나에 반드시 속하는 것 같아요.

이것은 너무 쓰기 싫은데 일단 칸은 채워야 하니까 억지로 쓰려다 보니 나타나는 양상일 수도 있지만, 진짜로 어떻게 해야 할지 몰라서 능력을 발휘하지 못하는 것일 수도 있어요. 머릿속에 글로 쓰고 싶은 생각들은 가득한데 그것을 무엇부터 어떻게 끄집어내야 할지, 어떤 단어를 어떤 순서로 배열해서 표현해야 할지 그 방법을 모르는 거예요. 그래서 그냥 머릿속에 떠오르는 대로 자신이 아는 글자들을 총동원해서 줄줄이 적어 나가지요. 하지만 그건 글이 아니예요. 그냥 글자들의 열거일 뿐! 아이들의 글쓰기 교육은 이런 어려움을 해결해 주는 것에서부터 시작해야 해요.

동시 같은 글은 누가 가르쳐 주지 않아도 근사한 은유와 탁월한 운율을 담아 표현하는 아이들도 있어요. 음악적 감각을 타고난 아이가 있고 미술적 감각을 타고난 아이가 있는 것처럼 시적 감각을 타고난 아이예요. 시처럼 감성적인 글은 타고난 감각으로 뛰어난 실력을 보일 수 있어요. 축복받은 일이지요.

하지만 논리적인 글쓰기는 다릅니다. 체계적인 훈련과 반복 연습을 거쳐야 그 기능을 갈고닦을 수 있어요. 일기, 시, 에세이 같은 감성적인 글들은 내 마음, 내 감정과 대화하기 위해 쓰는 글이에요. 내 마음을 표현할 수 있는 어휘들로 내 마음이 편한대로 써 내려가면 되지요.

반면 논리적인 글은 상대방을 설득하는 글이에요. 내 글이지만 상대방의 마음을 움직일 수 있어야 해요.

그러기 위해서 구체적으로 설명하지만 간결한 표현으로, 주관적인 의견이지만 객관적으로 전달될 수 있도록, 사실적이지만 공감되도록 써야 해요. 난도가 매우 높은 작업이지요. 이 어려운 과정을 어린아이들이 아무런 훈련 없이 어떻게 수월하게 해낼 수 있겠어요. 간혹 혼자서도 잘하는 아이가 있을 수도 있지만, 이런 아이들조차도 훈련을 받으면 더 잘할 수 있게 됩니다.

논리적인 글을 잘 써야 학교생활, 사회생활이 수월해진다

★ 논리적인 글이라고 하면 논설문, 즉 주장하는 글만 해당된다고 생각할 수도 있는데, 논리 정연하게 써야 하는 모든 글이 해당됩니다. 독서록도 논리적으로 써야 해요. 책의 특징을 잘 요약하여 설명한 뒤, 책의 주제에 어떻게 접근했는지 자신의 생각을 구체적으로 표현하는 글이니까요. 설명문, 기행문, 기사문을 쓸 때도 논리가 동반되어야 그것을 읽는 사람의 호응을 이끌어 내는 멋진 글을 쓸 수 있어요.

생활 밀착형 글, 생존형 글은 대부분 논리적인 글쓰기에 속해요. 아이들에게는 당장 서술형·논술형 시험부터가 논리적으로 글을 써야 하는 순간입니다. 자신의 생각을 설득력 있는 논거를 들어 써야 좋은 점수를 받거든요. 자신을 잘 소개하기 위해, 논무식의 과제를 잘하기 위해, 내 아이디어를 문서로 만들어서 결제를 받기 위해 쓰는 글도 모두 논리적인 글에 속합니다. 다시 말해 학교생활이나 사회생활에 필요한 글들은 대부분 논리적인 글쓰기에 속하고, 이런 글들을 잘 쓰려면 반드시 훈련을 거쳐야 하며, 적절한 훈련을 받아야 못 쓰는 아이들은 잘 쓰게 되고 잘 쓰는 아이들은 더 잘 쓰게 될 수 있어요.

　제가 글쓰기 방법을 배우는 것에 대해 '연습' 또는 '공부'라고 하지 않고 계속해서 '훈련'이라고 하는 이유는 꾸준히 되풀이해서 익히면 요령을 터득하여 능숙해질 수 있기 때문이에요. 단, 두 가지 조건을 모두 충족해야 합니다. 첫 번째는 적절한 교수법이 동원되어야 하고, 두 번째는 꾸준히 도전할 수 있는 환경이 제공되어야 하지요. 첫 번째 조건인 적절한 교수법에 대해서는 제가 책임을 질 테니, 이 책을 읽는 부모님들은 두 번째 조건인 환경을 책임지시면 됩니다.

지금 전 세계가
IB 교육에 주목하고 있다

질문 7

왜 서술형·논술형 시험에 강한 아이로 키워야 할까요?

전 세계가 주목하는
IB는 무엇일까?

★   최근 국제 바칼로레아 교육, 즉 IB International
Baccalaureate 교육에 관심이 높아지고 있습니다. 전 세계적으로 도입하
지 않은 나라가 도입한 나라보다 훨씬 적을 정도로 대세로 자리 잡아
가고 있는 교육이지요. 하지만 우리나라는 지극히 일부 국제학교와
외국인학교에서만 IB를 도입하고 있습니다. 전 세계적인 추세에 뒤떨
어지는 흐름이 아닐 수 없어요. 하지만 우리나라에서도 최근 IB의 필
요성에 대해 절감하면서 도입을 검토해야 한다는 의견이 크게 대두되

고 있어요.

IB는 교사 중심의 성취 기준을 따르는 교육 방식에서 벗어나, 한마디로 토론식 수업과 서술형·논술형 시험을 실시하는 교육 제도입니다. 학생이 주도적으로 문제를 해결하면서 사고력과 비판력, 창의력, 분석력을 키우기를 목표로 삼는 교육이지요. 그러니 당연히 평가 방식에 객관식 시험은 없습니다. 객관식은 답을 잘 찾아내는 것을 선호하는 교육에서 표방하는 문제 형식이잖아요. 하지만 IB는 새로 습득한 지식을 바탕으로 또 다른 새로운 것을 창조해 내고, 더 나아가 새로 창조해 낸 것을 남들에게 전달할 수 있는 능력을 키우는 것까지를 목표로 삼고 있어요. 그러므로 당연히 객관식이란 있을 수 없고 모든 시험을 글쓰기, 즉 논술로 진행합니다. 당연히 형식에 맞는 글, 목적에 맞는 글을 쓸 줄 아는 것이 매우 중요하겠지요.

이처럼 이 세상은 갈수록 더 섬세한, 더 정확한, 더 뛰어난 글쓰기 실력을 요구하고 있습니다. 영국, 프랑스, 독일, 핀란드, 스웨덴 같은 교육 선진국들은 진작부터 대입을 논술 문제로 치르고 있어요. 영국의 경우 대학과 학과마다 과목은 다르지만 대입을 위해 3~4과목에 응시해야 하며 시험은 모두 논술 형식이에요. 바칼로레아로 유명한 프랑스의 경우 대입 시험은 나폴레옹 시대 때부터 있었다고 하니 그 역사가 대단하지요. 대입을 위해서는 논술형 절대 평가 시험인 바칼로레아를 치러야 하는데 프랑스어와 역사·지리 등 총 8개 과목의 논술 시험을 준비해야 한답니다. 독일의 경우 대입을 위해서는 국어인 독일어와 수학 외에 기타 2개 과목에 응시해야 하며 시험은 논술과 구술로만 치러진다고 합니다. 교육 선진국 중 하나인 미국은 여전히 대입에서 선다형 문제가 나오는데, 입시 준비에 매진하는 우리나라 고등학교와 는 달리 미국의 고등학교에서는 입시 준비를 따로 하지 않고 학생 자 율에 맡기기 때문에 고등학교 내신 시험은 역시나 논술형이 주를 이 룹니다.

대입 시험을 객관식으로 치르는 나라는 우리나라와 일본 정도인데, 일본에서조차 2013년부터 공교육에 IB를 도입하여 우리나라와 다른 길을 걷고 있다고 하네요. 어쩐지 우리나라에서도 곧 IB를 도입할 것 같은 예감이 들지요? 최근 학교 시험에서 서술형·논술형 시험을 강 화하는 것은 이에 대한 단계적인 접근이 아닐까 싶어요. 그러므로 서 술형·논술형 시험에 강한 아이로 키우는 것은 미래 지향적인 인재로 키우는 첫 번째 관문이 될 것입니다. 우리나라 교육 시스템은 답을 찾 아내기에 바쁜 주입식·획일식·암기식에 치중했기 때문에 IB가 도입 되면 큰 혼란에 빠지겠지만 전 세계적인 추세를 계속해서 거스를 수 는 없습니다.

지금 당장 글쓰기 훈련을 시작해야 한다

★   자, 그렇다면 어떻게 해야 서술형·논술형 시험에

강한 아이로 키울 수 있을까요? 일단 글쓰기 훈련부터 시작해야 합니다. 정답을 찾아내는 독해력 문제집을 푸는 것은 답을 잘 찾아내는 연습을 하는 것이지 글 쓰는 훈련이 아니에요. 자신의 생각을 자유롭게 표현하는 글쓰기가 이루어져야 해요. 자유롭게 쓴다는 것은 아무렇게나 막 써도 된다는 말이 아니에요. 문제에 대한 답을 자유롭게 선택할 수 있되, 그렇게 생각하는 이유를 논리적이고 구체적으로 제시해서 글을 읽는 상대방이 나의 생각에 납득을 하게끔 만드는 것입니다.

그런데 아이들은 논리적이고 구체적으로 글을 쓰는 것을 아주 어려워해요. 그것이 무슨 말인지 감조차 잡지 못하지요. 그런 아이들에게 무조건 왜 논리적으로 글을 쓰지 못하느냐, 왜 구체적으로 생각을 표현하지 못하느냐고 질책하는 것은 어불성설입니다. 한 번도 제대로 배워 본 적이 없는데 어떻게 하라는 말인가요.

서술형·논술형 시험에 강한 아이로 키우기 위해서는 가장 먼저 논리적인 글쓰기, 구체적인 글쓰기가 무엇인지부터 알려 줄 필요가 있습니다. 단순히 논리적인 글은 이런 글이다, 구체적인 글은 이렇게 쓰면 된다 하면서 이론만 장황하게 늘어놓을 것이 아니라, 실천적인 방법들을 통해 직접 부딪치고 해결하면서 체득할 수 있게 해 줘야 하지요.

2장부터는 서술형·논술형 시험에 강한 아이가 되기 위해 충분히 연습해야 할 과업들이 죽 이어질 것입니다.

아이가 이러한 과업들을 어렵지 않게, 그리고 효과적으로 해 나가기 위해서는 조력자의 도움이 절실합니다. 아이의 사고력을 확장시키는 질문을 해 주고, 아이의 자신감을 키우는 피드백을 해 주고, 생각이 꽉 막혀 어디로 나아가야 할지 우왕좌왕할 때 아이에게 길을 안내해 줄 조력자 말이에요. 바로 엄마가 그 역할을 해 줘야 합니다. 아빠도 당연히 할 수 있습니다.

성공적인 글쓰기 훈련을 위한 『초등 글쓰기 수업』 활용법

★   조력자의 역할을 잘 수행하기 위해서는 우선 이 책의 특징부터 완벽하게 정복해야겠지요. 일단 첫 번째는 이 책에 등장하는 도서 목록에 대해 이야기를 나누어야 할 것 같아요. 아마 목차를 보면 비교적 읽기 수월한 그림책들로 구성했다는 사실을 금세 알 수 있을 거예요. 책을 읽기만 하는 것에 비해 책을 읽고 글을 쓰는 것은 훨씬 더 난도가 높은 활동이에요. 그래서 책의 내용을 완전하게 파악한 뒤 글을 쓰기 시작해야 과정이 수월해져요. 요리에 비유하면 식재료들을 다 준비해서 손질까지 다 마친 다음에 요리를 시작해야 그 과정이 수월해지는 것과 같은 원리예요.

혹시 글밥이 적은 그림책 위주로 책들이 선정되어 1, 2학년 대상이 아닐까 하는 판단이 섰다면 절대 그렇지 않다는 말씀을 드리고 싶습니다. 저는 이 책을 초등 전 학년 대상으로 생각하고 있어요. 글쓰기를 처음 시작하는 저학년들은 재미있는 책을 통해 글쓰기를 위한 재료를 쉽게 모을 수 있도록, 글쓰기에 대해 자신감과 흥미를 잃은 고학년들은 부담 없는 책을 통해 글을 잘 쓸 수 있는 요령을 터득할 수 있도록 신중을 기해 목차를 짰어요. 학년은 중요하지 않고, 그동안 글쓰기 훈련을 제대로 해 보지 못한 아이라면 1학년이든 6학년이든 이 책들이 많은 도움이 될 것입니다.

조력자가 되어 주실 엄마가 사전에 꼭 알아야 할 두 번째는 제가 써서 첨부한 예시문은 절대로 아이에게 보여 주지 말아야 한다는 점입니다. 엄마만 보고 나서 아이에게 힌트를 줄 때 살짝 제시하는 정도로만 활용해 주세요. 저는 아이들에게 글쓰기 코칭을 할 때 웬만하면 예시문을 제시하지 않고 있어요. 예시문을 제시하면 아이들이 그 예시문의 내용에서 벗어나질 못하고 딱 그 정도에 머물러요. 자신의 것을 마음껏 발산하지 못하고 제가 써서 보여 준 예시문 안에 생각과 느낌이 갇혀 버리는 거예요.

글쓰기 훈련의 핵심은 정답을 찾는 것이 아니라 자신의 생각과 느낌을 논리적이고 구체적으로 표현하는 것에 있기 때문에 예시문을 보고 베껴 쓰다시피 하는 것은 속 빈 강정 같은 훈련에 불과하답니다. 예시문은 엄마만 읽고 나서, 아이가 글을 쓰다가 갈피를 못 잡는 부분이 있을 때 살짝 방향을 제시해 주는 정도로만 활용해야 해요.

또한 제가 쓴 예시문을 보고 '왜 우리 아이는 이 정도로 못 쓰지?'라고 생각하면 절대 안 됩니다. 저는 전문적으로 글을 쓰는 사람이에요. 가급적 아이들의 수준에 맞는 어휘력과 문장력으로 예시문을 썼지만, 그래도 아직 어린아이들은 절대로 저만큼의 어휘력과 문장력을 발휘할 수 없어요. 이제 배우고 쌓고 다듬어가는 과정에 있으니까요. 제가 쓴 예시문뿐만 아니라 다른 교재에 등장하는 예시문 또한 마찬가지입니다. 전문적으로 글을 쓰는 어른들의 솜씨이므로 아이들은 당연히 그만큼 따라갈 수 없어요. 그냥 이런 흐름으로 쓰면 되는구나 정도로만 참고하면 됩니다.

세 번째는 '책 대화'에 대해 이야기를 나눠야 할 것 같아요. 각 책마다 글쓰기 훈련을 시작하기 전에 나누어 보면 좋을 책 대화를 제시했어요. 책 대화를 나누는 것은 책의 핵심 내용을 정확하게 짚어 나가면서 글쓰기 재료를 듬뿍 모으기 위한 목적이 있어요. 또한 아이가 글쓰기에 앞서서 말하기로 준비운동을 하는 효과도 있습니다.

그러므로 책 대화를 나눌 때는 엄마가 중심이 아니라 아이가 중심이 되어 아이의 생각을 표현할 수 있도록 도움을 줘야 합니다. 바라던 대답, 근사한 대답이 안 나온다고 해서 그게 아니라고 무안을 주지 마시고, 아이가 더 넓고 깊게 생각할 수 있도록 질문을 통해 방향을 잡아 주세요. 어떤 문제에 대해 넓고 깊게 생각해서 그것을 글로 표현할 수 있는 시스템을 만드는 것이 글쓰기 훈련의 핵심입니다.

책 대화는 글쓰기의 재료를 모으는 활동인 동시에, 엄마와 아이가 상호 작용을 함으로써 아이의 긴장감을 풀고 서로 간의 유대감을 높이는 데도 효과가 탁월합니다. 그러므로 책 대화를 나눌 때는 책을 잘 읽었는지 검사한다는 마음가짐이 아니라 책의 내용을 가지고 서로 소통한다는 마음가짐으로 임해야 해요. 검사를 하면 숙제처럼 느껴질 테지만 소통을 하면 축제처럼 느껴질 기예요.

네 번째는 훈련을 하는 목적은 더 강해지고 더 능숙해지기 위해 연습을 되풀이하는 것임을 잊지 말아야 한다는 것을 당부하고 싶어요. 훈련은 과정이기 때문에 결과부터 챙길 수 없습니다. 아이가 스스로 성장할 수 있는 겨를을 주세요. 자꾸만 얼마나 잘하는지 검증하려고 하면 아이는 위축되어 자유롭게 발상하고 자신 있게 표현하는 과정을 경험하지 못하게 됩니다. 그러므로 글쓰기 훈련을 할 때는 반드시 완벽하고 훌륭한 결과물에 초점을 맞추지 말고, 아이가 어제보다 오늘 얼마나 더 성장했는지에 초점을 맞춰 진행해야 합니다.

더 성장한 부분이 있으면 당연히 아낌없이 칭찬해 줘야 합니다. 문제는 여전히 부족한 부분이 많이 보일 때지요. 부족한 점이 보인다고 해도 절대로 아이를 질책하거나 비난하거나 남들과 비교하면 안 됩니다. 질책, 비난, 비교는 수치심을 불러일으켜 도전하기를 멈추게 합니다. 도전을 멈추면 당연히 성장도 멈추게 되고요. 질책, 비난, 비교는 엄마표에서 있어서는 안 될 절대악이에요.

아이가 어려워하거나 잘 못할 때는 부족한 부분을 보완해 줄 수 있는 방법을 찾아내야 해요. 그것이 바로 모든 엄마표의 핵심이지요. 글쓰기에서도 바로 그 부분이 엄마표의 핵심이 되겠고요. 하나하나 짚어 주면서 이 부분을 어떻게 바꾸면 좋을지에 대해 아이와 함께 의논한 뒤, 의논한 내용대로 보완해 나가는지 살펴 주세요. 제가 함께 의

논할 것을 제안한 이유는 함께 의논을 해야 아이가 스스로 무엇이 부족한지 인지하게 되고, 부족한 부분을 보완해 나가는 요령을 터득하면서 글을 잘 쓸 수 있는 시스템을 만들어 가기 때문입니다.

또한 어려운 부분을 엄마와 함께 해결해 나가는 과정은 아이와의 관계 형성에도 아주 긍정적인 영향을 미칩니다. 내가 어려움을 표현했을 때 엄마가 그 어려움에 공감해 주면서 함께 해결 방법을 찾아 줬고, 엄마의 도움으로 위기에서 벗어날 수 있었다면 엄마에 대한 신뢰감이 커지겠지요. 이런 경험이 쌓이면 아이는 어떤 어려움에 빠지거나 고민거리가 생겼을 때 엄마에게 허심탄회하게 털어놓게 돼요. 엄마가 내 고민에 대해 공감해 주면서 함께 해결 방법을 찾아 줄 것이라는 믿음이 있기 때문이에요. 보통 사춘기가 되면 아이가 마음을 닫으면서 부모와 소통하고 싶어 하지 않는다고 생각하는데, 어렸을 때부터 부모와 고민을 함께 나누면서 해결하는 것이 일상이 된 아이들은 부모를 멘토라고 생각하기 때문에 사춘기 때도 고민을 함께 나눕니다.

마지막 다섯 번째는 글쓰기 수업은 일주일에 한 번 진행하되, 매주 정해진 시간에 규칙적으로 진행하기를 권장합니다. 마음이 급하다고 해서 몇 개를 연달아 하다가는 엄마도 지치고 아이도 지쳐서 며칠 못할 거예요. 일주일에 한 번씩 진행하되, 책을 충분히 잘 읽고 나서 글을 쓰도록 하고, 글쓰기 활동을 다 마친 다음에는 책을 다시 한번 꼼꼼히 읽어 볼 수 있도록 합니다.

매주 정해진 시간에 규칙적으로 하기를 권장하는 이유는 엄마표의 특성상 시간이 날 때마다 불규칙적으로 하는 경향이 있기 때문입니다. 학원이나 학습시 교사 방문 같은 것은 일정한 시간이 정해져 있기 때문에 반드시 그 일과를 지켜야 한다는 의무가 있잖아요. 엄마표 글쓰기 수업도 시간을 정해 두어야 규칙적으로 실천할 수 있습니다.

이 다섯 가지만 염두에 둔다면 아이와의 글쓰기 수업이 하나도 부담스럽지 않을 것입니다. 오히려 아이의 성장을 지켜볼 수 있는 뿌듯한 시간이 될 거예요. 글쓰기는 자전거 타기나 수영하기처럼 한 번 감을 잡으면 그 감을 이용해 혼자서도 잘해 나갈 수 있는 활동이라고 믿고 있어요. 그러니 그 감을 잡을 때까지만 엄마가 조금만 힘을 내 주세요.

학교 과제로 나오는 글쓰기 지도법 1

독서록 쓰기,
가장 기본적인 공식들을 공략한다

독서록은 책을 읽고 나서 그 책의 내용에 대한 나의 생각이나 느낌을 쓰는 글입니다. 그게 뭐가 어렵냐 싶겠지만, 실제로 독서록은 적절한 훈련을 하지 않으면 잘 쓰기가 쉽지 않은 글입니다. 일단 줄거리 요약을 해야 하는데, 아이들이 줄거리 요약하기를 매우 어려워하거니와 제대로 하지 못하는 편이에요. 또 책에 대한 생각이나 느낌을 정리할 때도 그냥 재미있었다, 슬펐다, 좋았다, 본받고 싶다 등과 같이 대충 뭉뚱그려서 표현하는 데 그칩니다. 평소에 자신의 생각이나 느낌을 구체적으로 글로 표현해 본 경험이 없기 때문에 그렇게 할 수밖에 없는 겁니다.

독서록을 잘 쓰기 위해서는 가장 먼저 줄거리 요약에 능숙해져야 합니다. 줄거리 요약을 살할 수 있는 방법은 2상에서 차근차근 풀어나살 테니 그 부분을 참고해 주세요. 줄거리 요약과 더불어 자신의 생각과 느낌을 조금 더 구체적으로 표현하려는 노력도 필요해요. 예를 들어 그냥 '재미있었다'가 아니라 '주인공이 하는 행동이 고자질쟁이 내 동생과 비슷해서 주인공이 벌을 받을 때 너무너무 통쾌하고 재미있었다.'처럼 뭐가 어떻게 왜 재미있었는지를 구체적으로 표현할 수 있어야 합니다. 이걸 왜 못할까 싶겠지만, 평소에 이런 훈련을 하지 않으면 '창의적으로 기억을 조합하는 활동'이 원활하게 이루어지지 않기 때문에 표현도 잘 안 됩니다. 글쓰기로 연습하는 것이 부담스럽다면 반드시 대화를 통해서라도 뭐가 어떻게 재미있고, 왜 그것이 슬픈지에 충분히 표현할 수 있는 기회를 만들어 주세요.

이 두 가지 훈련이 잘 이루어졌다고 해서 독서록을 갑자기 잘 쓰지는 못할 것입니다. 독서록은 독서록에 잘 맞는 형식이 존재하거든요. 저는 그것을 '독서록 공식'이라고 부릅니다. 다음의 네 가지 공식만 정복해도 훌륭한 독서록을 완성할 수 있답니다. 각 공식의 특성이 잘 드러날 수 있도록 모두 『흥부와 놀부』를 예로 들어 이야기할게요.

독서록 공식 I ··· 책을 읽게 된 동기+줄거리+느낌

예시문

『흥부와 놀부』는 우리나라에서 오래 전부터 전해 내려온 아주 유명한 이야기다. 이 책의 내용이 늘 궁금했는데 드디어 오늘 학교 도서관에서 책을 읽게 되었다. (책을 읽게 된 동기)

이 책에는 욕심쟁이 형 놀부와 마음씨가 너무 착한 흥부가 등장한다. 욕심쟁이 놀부는 동생이 먹는 밥조차 아까워서 동생을 집에서 내쫓아 버린다. 집에서 쫓겨난 흥부는 졸지에 가난뱅이가 되어 힘들게 살아가지만 그래도 형 놀부를 미워하지 않고 착하게 살아간다. 그러다가 어느 날 다리를 다친 제비를 고쳐 주어 박씨를 받았는데 뜻하지 않게 박 안에 금은보화가 가득 들어있어 부자가 된다. 그 소식을 들은 욕심쟁이 놀부는 일부러 제비의 다리를 부러뜨렸다가 큰 벌을 받게 된다. (줄거리)

이 책은 착하게 사는 사람은 언젠가는 복을 받는다는 사실을 일깨워 준다. 그래서 나도 착하게 살아야겠다는 생각이 들었다. 어떤 사람들은 착하게 산다고 무조건 복을 받는 건 아니라고 하지만 착하게 살면 기분이 좋아지고 마음이 편안해지니까 그것이 복이라고 생각한다. 마음이 행복한 것보다 더 큰 부자는 없으니까 말이다. (느낌)

독서록 공식 2 ··· 주요 등장인물 + 가장 인상 깊었던 인물

예시문

『흥부와 놀부』에는 마음씨 착한 흥부와 흥부 가족, 그리고 욕심 많고 심술궂은 놀부와 놀부 가족이 등장한다. 욕심 많고 심술궂은 놀부 가족은 마음씨 착한 흥부 가족을 집 밖으로 내쫓는다. 졸지에 거지 신세가 된 흥부 가족은 끼니조차 때우기 힘들었지만 그래도 놀부 가족을 미워하지 않고 서로를 의지해 가며 살아간다. (주요 등장인물)

나는 이 책을 읽으면서 놀부 가족이 다 미웠지만 그중에서도 특히 놀부 부인이 너무 미웠다. 너무 배가 고파서 뺨에 묻은 밥풀을 떼어 먹는 흥부를 골탕 먹이려고 밥풀을 떼어낸 주걱으로 뺨을 때릴 때는 너무 얄미워서 꿀밤을 때리고 싶은 심정이었다. 그런데 박 속에서 나온 괴물들이 놀부 부인을 괴롭혀 주어서 정말 통쾌했다. 나 대신 복수를 해 준 느낌이었다. (가장 인상 깊었던 인물)

독서록 공식 3 ··· 이 책을 대표하는 한 줄 문구 + 이유

예시문

'뿌린 대로 거둔다.' (대표 문구)

이 책을 읽으면서 나는 내내 이 속담이 떠올랐다. 결국 남들을 괴롭히는 것을 좋아하는 놀부는 남에게 괴롭힘을 당하고 남들을 돕는 것을 좋아하는 흥부는 남에게 도움을 받아 행복하게 살아갈 수 있게 되었기 때문이다.

내 생각에는 흥부는 금은보화가 가득 담긴 박씨를 또 한 번 받을 것 같다. 왜냐하면 자기를 내쫓은 놀부 가족을 용서하고 따뜻하게 맞아 주었기 때문이다. 뿌린 대로 거둔다고 하니, 한 번 더 착한 일을 한 흥부에게 또 한 번 선물이 주어지지 않을까? (이유)

독서록 공식 4 ··· 내용 소개 + 의문점

예시문 이 책은 욕심쟁이 형 놀부가 착한 동생 흥부를 괴롭히는 이야기로 가득하다. 흥부 가족을 돈 한 푼 안 주고 거리로 내쫓기도 하고, 배가 고파 쌀을 얻으러 온 흥부의 뺨을 때리기도 한다. 그래도 착한 마음을 가진 흥부는 형 놀부를 미워하지 않는다. 그러던 어느 날 다리가 부러진 제비를 고쳐 주고 박씨를 선물로 받는데, 지붕에 심은 박에 금은보화가 가득 들어 있어 흥부는 부자가 된다. 착한 흥부에게 행운이 와서 정말 다행이라는 생각이 들었다. (내용 소개)

그런데 이 책을 읽으면서 나는 왜 흥부는 회사에 다니지 않을까

궁금했나. 회사에 나니거나 아르바이트를 하면 가족들이 배고 파 할 때 쌀을 살 수 있었을 텐데 말이다. 만약 제비가 박씨를 선물로 주지 않았다면 지금까지도 가족들이 끼니를 때우지 못했을 것이다. 어쩌면 가족 누군가가 굶어 죽었을 수도 있다. 그 생각만 하면 정말 아찔하다. (의문점)

이 네 가지 공식 이외에도 '줄거리 + 이 책을 추천해 주고 싶은 사람'의 조합도 괜찮습니다. 이 책을 추천해 주고 싶은 사람은 당연히 이 책의 주제와 연결 지을 수 있는 사람이어야 하겠지요. '줄거리 + 이 책을 읽고 내가 달라진 점'도 독서록을 쓰기에 좋은 공식입니다. 책을 읽고 달라진 점에는 행동의 변화, 생각의 변화 모두 해당됩니다.

'주인공 소개 + 주인공과 내가 비슷한 점과 다른 점'을 잘 정리해 나가면 이 또한 훌륭한 독서록으로 완성할 수 있습니다. 비슷한 점, 다른 점을 모두 찾아낼 필요는 없고, 비슷한 점만 있다면 비슷한 점만 써도 되고 다른 점만 있다면 다른 점만 써도 돼요. '주인공에게 일어났던 일 + 그와 비슷한 나의 경험담'으로 쓰는 것도 아주 좋은 방식인데, 이때 나의 경험담을 쓰면서 그런 행동에 대한 반성이나 앞으로의 다짐까지 곁들이면 내용이 더욱 풍성해집니다.

간혹 독서록을 편지글 형태로 쓰는 것을 선호하는 아이들이 있는데, 독서록을 편지글 형태로 쓰는 것도 좋은 아이디어예요. 그런데 아이들이 편지글 형태로 독서록을 쓴 것을 살펴보면 거의 다 주인공에게 질문하는 내용으로 채워져 있습니다. 그때 왜 그러셨어요, 가장 좋아하는 것은 뭐예요, 가족이 안 보고 싶나요, 그것을 왜 발명했어요, 앞으로 무엇을 하고 싶은가요 등등요. 이렇게 써 내려가다 보면 빈칸이 술술 메워지거든요. 그래서 편지글 형태의 독서록을 아주 좋아하지요.

하지만 편지글 형태의 독서록을 제대로 쓰기 위해서는 주인공에게 쓰는 편지글을 통해 책의 내용이 자연스럽게 정리되어야 하며, 주인공의 생애를 통해 내가 보고 느낀 점 또한 잘 드러나야 합니다. 결국 책의 내용을 정확하게 정리하고 책을 통해 내가 느낀 점을 구체적으로 표현해야 하는 것은 다른 독서록 형태와 다를 바 없어요. 아이가 편지글 형태로 독서록을 쓰고 싶어 한다면 이런 점을 꼭 짚어 주세요.

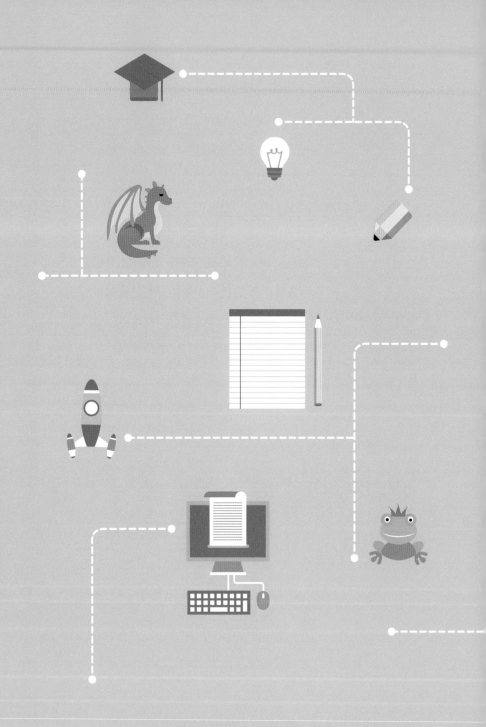

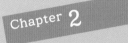

Chapter 2

창작동화
제대로 읽고
제대로 글쓰기

창작동화를 읽었지만
줄거리를 요약하지 못하는 아이들

★　　　　　창작동화에 대한 아이들의 호불호는 극명하게 갈
리는 편이에요. 어떤 아이들은 창작동화가 너무 재미있다고 그것만
읽으려고 하는데, 또 어떤 아이들은 창작동화는 내용이 뻔하고 너무
유치하다며 과학책이나 역사책 같은 교양서적만 읽으려고 해요. 저는
개인적으로 독서 편식이 나쁘다고는 생각하지 않습니다. 그동안 관찰
한 바로는 오히려 독서를 좋아하는 아이들에게서 독서 편식 성향이 나
타나더라고요. 그 장르의 책을 읽는 재미를 아는 거예요.
　하지만 학창 시절에는 교과서에 다양한 장르의 지문이 등장하기 때
문에 여러 장르의 글 읽기에 골고루 익숙해질 필요는 있습니다. 특히
창작동화와 같은 '문학' 장르는 초등학교 때부터 고등학교 때까지 시
험에서 빠지지 않지요. 창작동화를 읽은 뒤 주제를 파악하고 중심 내

용을 이해하려는 노력은 반드시 필요합니다.

제가 창작동화책을 가지고 수업을 할 때 가장 중점을 두는 부분은 '줄거리 요약'입니다. 줄거리 요약은 아이들이 정말 싫어하고 매우 어려워합니다. 어디에서부터 시작해야 할지 몰라 우왕좌왕하는 아이도 있고, 자신 있게 쓰기는 하지만 중심 내용에서 벗어나 자신이 쓰고 싶은 이야기 중심으로 쓰는 아이도 있어요. 열심히 쓰기는 하지만 줄거리 요약이라고 할 수 없을 만큼 쓸모없는 내용들을 장황하게 늘어놓는 아이도 부지기수이고, 주인공 이름이나 중요한 사건마저 틀리게 쓰는 아이도 비일비재해요. 아무것도 하지 않고 멍 때리고 있다가 저와 눈이 마주치면 민망함에 배시시 웃는 아이도 있답니다.

줄거리 요약은 글쓰기 훈련을 경험해 보지 않은 거의 대부분의 아이들이 큰 어려움을 겪는 활동이지만 반드시 능숙하게 해내야 하는 과업이에요. 줄거리 요약에 능숙해진다는 것은 커다란 의미가 있습니다. 살다 보면 우리는 방대한 분량의 정보를 핵심 내용만 잘 골라내 짧고 간결하게 요약해야 하는 상황에 자주 처하게 됩니다. 공식적인 과제나 서류가 아니더라도 그런 과정을 거쳐야 하는 일이 너무나도 많아요. 줄거리 요약은 그것을 미리 연습해 보는 시간이 됩니다.

한마디로 줄거리 요약은 '방대한 자료를 핵심 내용 중심으로 축약하는 데 능숙해지기 위한 훈련'이라고 할 수 있어요. 그래서 2장에서 나오는 모든 창작동화들은 무조건 줄거리 요약부터 시도해 볼 거예요. 미리 말씀드리지만 아이들이 거의 대부분 줄거리 요약을 어려워할 것입니다. 하기 싫다고 거부하는 아이도 있을지 몰라요. 하지만 줄거리 요약에도 요령이 있기 때문에 몇 번 경험해 보면 감을 잡을 수 있습니다. 그 요령을 습득할 수 있는 엄마표 글쓰기 지도법은 충분히 준비되어 있어요.

만약 아이가 아직 글쓰기 경험이 많지 않아 줄거리 요약을 너무 힘들어한다거나, 줄거리 요약을 본격적으로 하기에 무리가 있는 연령대라면 일단 줄거리를 말로만 요약해 보는 것도 좋습니다. 제가 앞에서 여러 번 이야기했던 것처럼 말로 생각을 표현하는 것은 글로 생각을 표현하는 전 단계이기 때문에 좀 더 부담 없이 시도할 수 있어요. 그러면서 자연스럽게 글을 쓰기 위한 준비운동이 될 수 있지요. 하지만 말로 표현하는 것은 글로 표현하는 것보다 어쩔 수 없이 정확도나 짜임새나 섬세함 면에서 떨어질 수밖에 없어요. 궁극적으로는 글로 표현하는 데까지 이어져야 합니다.

줄거리 요약만큼 창작동화를 읽을 때 놓치지 말아야 할 중요한 포인트가 또 있습니다. 창작동화를 읽었다면 주인공의 행동이나 판단을 '비판'해 보는 시간을 가져야 합니다. 주인공의 행동이나 판단은 이야기의 주제와 곧바로 연결되기 때문이에요. 우리나라에서는 비판이라고 하면 잘못된 점을 지적하는 것이라는 부정적인 의미부터 떠올리는 편이에요. 하지만 비판은 잘못된 점을 지적하는 것뿐만 아니라 현상이나 사물의 옳고 그름을 판단하는 일도 포함되며, 이것은 논술의 가장 기본이자 핵심이 됩니다.

주인공의 행동을 통해 나의 경험을 떠올려 보고는 그 당시 나의 행동에 대해 객관적으로 분석하는 것도 의미있는 활동이 됩니다. 내가 무엇이 부족했는지, 혹은 어떤 점에 대해 얼마만큼 만족했는지, 그 행동으로 어떤 변화가 일어났는지 등을 글로 쓰다 보면 주인공의 입장에 대해 공감하는 부분이 생길 뿐만 아니라 자기 성찰하는 시간이 되어 정서적으로 한 뼘 성장하게 됩니다. 그것이 바로 창작동화를 읽는 목적이겠지요.

소중한 보물을 잃은 아기여우의 심정은 어땠을까?

『노란 양동이』를 읽고 글쓰기

모리야마 미야코 글/ 쓰치다 요시하루 그림/ 양선하 옮김 | 현암사

아기여우는 버려진 듯한 노란 양동이를 발견하고는 일주일 동안 기다린 다음 주인이 나타나지 않으면 자신이 노란 양동이의 주인이 되겠다고 결심합니다. 평소에 너무나도 갖고 싶었던 노란 양동이가 자기 것이 되기를 소망하는 아기여우의 설렘이 책 전반부 몇 줄만 읽어도 고스란히 느껴질 정도예요. 그래서 나도 모르게 일주일이 후딱 지나가기를 바라게 됩니다. 그래야 노란 양동이가 아기여우의 것이 될 수 있을 테니까요.

하지만 하필이면 딱 일주일째 되는 날 아침 노란 양동이가 사라져 버려요. 아기여우가 얼마나 실망할지, 얼마나 슬퍼할지 가늠이 되기 때문에 이 책을 읽는 독자들은 이미 너무 속상합니다. 하지만 아기여우는 의외로 의연하네요. '아무래도 좋아.' '괜찮아.'라고 자신을 다독이며 함께 일주일을 기다려 준 친구들을 향해 빙긋 웃어 보이기까지 합니다. 그 모습을 보면 대견하지만 한편으로는 너무 안쓰러워 마음이 찡해져요.

 책 대화 나누기

짧은 동화지만 이 책을 읽으면서 아이와 나누어 볼 수 있는 책 대화는 매우 다양합니다. 그중에서 다음의 세 가지 대화를 꼭 나누어 보세요. 책 대화를 나눌 때는 엄마가 아이에게 가르쳐 주고 지시하는 입장이 아니라 서로 동등한 관계에서 의견을 주고받는 것이 중요합니다.

1. 과연 이 양동이의 주인은 누구일까?

아이의 생각을 먼저 물어봅니다. 엄마가 먼저 이야기하면 왠지 엄마가 이야기한 것이 정답인 것 같아서 아이의 발산적 사고에 제한이 생기기 때문이에요. 평소 학습지에 익숙한 아이라면 정답을 찾아야 한다는 압박감이 생겨 더더욱 그럴 수 있습니다. 하지만 정답이 없는 문제이기 때문에 자신의 생각을 자유롭게 이야기한 뒤 그렇게 생각하는 이유도 정확하게 설명하는 것이 중요합니다. 아이가 이야기하면 "아, 그럴 수도 있겠네. 엄마는 거기까지는 생각 못했네."라고 하면서 그 생각에 긍정적인 피드백까지만 해 줘도 되고, "아, ○○이 생각은 그렇구나. 엄마는 ○○라고 생각했는데, ○○라는 생각이 들었거든."이라고 하면서 엄마의 의견을 이야기해 줘도 좋습니다.

2. 일주일째 되는 날 양동이는 왜 갑자기 사라진 것일까?

이 또한 정답이 없는 문제입니다. 역시나 아이가 먼저 이야기할 수 있도록 해 주세요. 엉뚱한 대답을 해도 왜 그렇게 생각하는지 이유를 물어보면서 아이가 논거를 제시할 수 있도록 방향을 잡아 주세요. 예를 들어 "한밤중에 UFO가 와서 외계인들이 가져간 것 같아."라고 다소 엉뚱하게 대답하더라도 그렇게 생각하는 이유에 대해 즐겁게 이야기를 나누면 됩니다. 논술에서는 정답보다 중요한 것이 그렇게 생각하는 이유, 즉 논거입니다.

3. 일주일째 되는 날 양동이가 없어져서 엄청 속상할 것 같은데 왜 아기여우는 "아무래도 좋아." "괜찮아."라고 이야기했을까?

이에 대한 실마리는 책 맨 끝에 실려 있는 저자의 말에 살짝 담겨 있습니다. 하지만 저는 이 또한 읽은 사람이 마음껏 상상할 수 있는 부분이라고 생각해요. 저는 이 부분을 읽으면서 아기여우가 눈물이 나올 것 같아서 억지로 씩씩한 척하는 듯한 느낌이 들었거든요. 또 친구들 앞이니까 괜찮은 척하려는 느낌도 들었습니다. 이렇게 자신이 느낀 그대로 이야기하는 것이 책 대화의 핵심입니다.

글쓰기 수업

책 대화를 나누었다면 본격적으로 아이와 함께 글쓰기에 도전해 봅니다. 가장 먼저 줄거리 요약부터 해 볼 거예요. 줄거리 요약은 짧고 간결하게 할수록 잘하는 것입니다. 하지만 짧고 간결하게 요약하는 것과 쓰다 만 것, 대충 쓰는 것은 완전히 달라요. 아이가 짧고 간결하게 요약하되, 중심 내용들을 그 안에 다 담을 수 있도록 적절한 훈련이 필요합니다.

1. 줄거리 요약하기

앞에서도 이야기했지만 아이들은 줄거리 요약을 많이 어려워하고 하기 싫어하며, 또 제대로 잘 못합니다. 그래서 우선 엄마와 함께 책의 중심 내용을 시간 순서에 맞게 재구성하는 연습부터 해 보는 게 좋아요. 엄마가 다음과 같은 질문을 해서 아이가 그에 대한 대답을 하면서 중요한 사건을 시간 순서대로 열거할 수 있도록 해 주세요.

엄마: 아기여우에게 어떤 일이 생겼지?
아이: ⁓⁓⁓⁓⁓⁓⁓⁓⁓⁓⁓⁓⁓⁓⁓⁓⁓⁓⁓⁓⁓⁓⁓

엄마: 아기여우는 노란 양동이를 어떻게 하기로 했지?

아이: _____

엄마: 그런데 아기여우는 노란 양동이를 가질 수 있었을까?

아이: _____

엄마: 노란 양동이를 갖지 못한 아기여우는 어떤 행동을 했지?

아이: _____

이 4개의 질문만으로도 중심 내용을 연결할 수 있어서 훨씬 더 쉽게, 그리고 정확하게 줄거리 요약을 할 수 있어요. 다음 예시문은 아이가 줄거리 요약을 잘했는지를 확인해 보는 정도로만 활용해 주세요.

예시문 아기여우는 외나무다리 근처에서 평소에 너무나도 갖고 싶어 했던 노란 양동이를 발견했어요. 주인이 없어 보이는 노란 양동이를 가질까 말까 고민하다가 친구인 아기토끼, 아기곰과 의논한 끝에 일주일 동안 기다려도 주인이 나타나지 않으면 그때 노란 양동이를 갖기로 결심했어요.

아기여우는 노란 양동이가 자기 것이 되었으면 하는 간절한 마음으로 날마다 노란 양동이를 찾아가 지켜봤어요. 다행히 마지막 날 밤까지도 노란 양동이의 주인은 나타나지 않았습니다. 하지만 딱 일주일째 되던 날 아침, 노란 양동이는 감쪽같이 사라지고 말았어요. 친구인 아기토끼와 아기곰은 아기여우를 위로해 주었고, 아기여우는 일주일 동안 자신만의 양동이였다는 사실에 만족하며 빙긋 웃었습니다.

2. 주인공 아기여우가 되어 일기 쓰기

이번에는 아기여우의 입장이 되어 마지막 일주일째 노란 양동이가 없어진 날의 이야기를 일기로 써 보도록 합니다. 그동안 아기여우에게 있었던 일을 자연스럽게 노출하면서 노란 양동이가 없어진 것을 알게 된 아기여우의 심정을 잘 헤아리며 써야 합니다. 이때 주의할 점은 내가 본 아기여우의 모습을 일기로 쓰는 것이 아니라 나 스스로 아기여우가 되어 내 입장을 일기로 써야 한다는 점이에요. 주어진 조건에 맞춰 글을 쓰는 것은 글쓰기의 가장 기본이자 핵심이기 때문에 항상 무엇을, 어떻게 써야 하는지부터 파악해야 합니다.

예시문

오늘은 내게 너무나도 슬픈 일이 있었다. 오늘은 노란 양동이가 내 것이 되는 날이었는데, 어제까지 멀쩡하게 그 자리에 있던 노란 양동이가 감쪽같이 사라지고 없었다. 어젯밤에 노란 양동이가 바람에 날아가는 꿈을 꿨는데, 혹시 그것이 꿈이 아니고 진짜 일어난 일이 아니었을까 헷갈린다. 친구들 앞에서는 괜찮다고 웃었지만 사실은 하나도 안 괜찮았고 너무 슬펐다. 노란 양동이가 없어진 것을 알았을 때는 그래도 일주일 동안은 내 것이었다고 생각하며 즐거운 추억으로 남기려고 했는데 시간이 지날수록 점점 더 속상하다. 친한 친구가 갑사기 사라진 것서림 외롭다. 그냥 치음부디 네기 기질걸 그랬나? 그러면 진짜 노란 양동이 주인이 슬퍼했겠지?

그래도 이제는 노란 양동이가 없어질까 봐 불안해하지 않아도 되니 오늘밤은 푹 잘 수 있을 것 같다. 지금부터 열심히 저축을 해서 내 돈으로 꼭 노란 양동이를 사야겠다.

 독서록 Tip

이 책을 읽고 독서록을 쓰고 싶다면 먼저 줄거리를 요약한 뒤, 아기여우의 심정이 어떨지 상상해서 써 보고 아기여우를 위로하는 말로 마무리해 보세요.

WRITING·2

마음에 안 드는 엄마의 행동을 어떻게 해결할까?

『엄마는 거짓말쟁이』를 읽고 글쓰기

김리리 글·그림 | 다림

이 책은 엄마와 딸 슬비 사이에서 벌어지는 이야기를 담고 있어요. 슬비 엄마는 습관처럼 거짓말을 합니다. 나쁜 의도로 거짓말을 하는 것은 아니지만, 일상생활에서 조금이라도 곤란한 일이 생기면 장난 같은 거짓말로 상황을 모면하려고 합니다. 슬비는 그런 엄마의 모습이 너무 싫습니다. 그러나 어느 순간부터 슬비도 엄마처럼 거짓말을 해서 자신의 원하는 것을 가지려는 시도를 하게 돼요. 아이들 앞에서는 숭늉도 못 마신다는 말이 있지요? 아이들은 어른들의 행동을 그대로 모방하게 되어 있습니다.

거짓말을 습관처럼 하는 엄마와 그런 엄마가 미운 슬비 사이의 갈등, 그리고 서로 화해하는 과정이 비교적 짧은 이야기 안에서 밀도 있고 속도감 있게 전개됩니다. 일상생활에서 흔하게 벌어질 만한 사건들을 소재로 하여 쓰는 동화를 생활동화라고 하는데, 이 책은 생활동화의 묘미가 고스란히 담겨 있답니다.

 책 대화 나누기

이 책을 읽고 나서는 '거짓말'에 초점을 맞춰 책 대화를 나눠 볼 수 있어요. 사실 사람이 살아가면서 거짓말을 전혀 안 하고 살 수는 없습니다. 거짓말은 남을 속이는 나쁜 것이라 가급적 하지 않으려고 노력해야 하지만, 무의식적으로 거짓말이 튀어나오는 경우도 있고 어쩔 수 없이 거짓말이 필요한 상황도 있어요. 그런 부분에 초점을 맞춰 아이와 책 대화를 나눠 보도록 합니다.

1. 사람들은 왜 거짓말을 할까?

사람들은 왜 거짓말을 하게 되는지에 대해 아이와 자유롭게 이야기 나눠 봅니다. 엄마가 주도적으로 이야기하지 말고 가급적 아이의 이야기부터 경청해 주세요. 책 대화는 바람직한 방향을 제시해 주는 것보다 아이의 의견을 충분히 들어주는 것이 더 중요해요. 엄마가 방향을 제시하면 그것이 맞는 답이라는 생각에 아이가 자유로운 발상을 하지 못할 수 있어요.

거짓말에 대해 이야기를 나눈 다음 아이에게 슬며시 "○○는 주로 어느 때 거짓말을 하고 싶어져?"라고 부드럽게 물어보세요. 거짓말은 나쁜 것이기 때문에 아이가 "나는 그런 적 없는데."라고 딱 잡아뗄 수도 있어요. 그러면 엄마가 "살아가면서 나도 모르게 거짓말을 할 때가 있어. 엄마는 게으름을 피우다가 약속 시간에 늦었을 때 이런저런 핑계를 댔는데, 지금 생각해 보니 그게 거짓말이었네."라고 먼저 솔직하게 이야기해 주세요.

그러면서 거짓말을 감추는 것보다 거짓말을 한 사실을 솔직하게 털어놓는 것이 훨씬 더 용기 있는 행동임을 알려 주면 거짓말에 대한 인식이 바뀔 겁니다. 당연히 아이가 용기를 내서 거짓말을 인정했을 때 엄마가 그에 대해 긍정적인 피드백을 줘야 거짓말을 감추는 것보다 솔직하게 이야기하는 것이 더 좋은 결과로 이어진다는 사실을 깨닫게 되겠지요.

2. 내가 만약 슬비 엄마였다면?

아이와 함께 책을 처음부터 하나하나 짚어 보면서 슬비 엄마가 한 거짓말들을 모두 찾아보세요. 의외로 많은 거짓말들을 찾을 수 있을 거예요. 그러면서 아이에게 만약에 내가 슬비 엄마였다면 이런 상황일 때 어떻게 행동했을지 이야기 나눠 보세요. 대부분의 아이가 그동안 배워왔던 것을 토대로 매우 바람직하고 모범적인 대답을 할 것입니다. 좀 엉뚱한 대답을 하는 아이도 분명 있을 텐데, 그렇다고 바람직하고 모범적인 대답을 유도할 필요는 없습니다. 왜 그렇게 생각하는지 이유를 꼭 물어본 뒤 그 생각에 공감해 주세요. 너무 파괴적이거나 얼토당토않은 대답이 아니라면 아이의 생각을 충분히 인정해 줘야 합니다. 그것이 책 대화, 독서 토론의 핵심이에요.

3. 선의의 거짓말은 어느 때 필요할까?

선의의 거짓말이란 말 그대로 좋은 의도를 가진 거짓말이에요. 보통 상대방의 기분을 상하지 않게 하려고, 불필요한 싸움을 피하려고, 더 많은 사람들의 이익을 위해서 선의의 거짓말을 하게 되지요. 선의의 거짓말에 대해서 긍정적인 시선도 있지만, 선의의 기준이 사람에 따라 다르기 때문에 누군가에게는 선의가 다른 이에게는 그렇지 않을 수도 있다는 부정적인 시선도 있어요. 또 선의의 거짓말을 거듭하다 보면 거짓말이 습관이 될 수도 있다는 의견도 있습니다. 우선 아이와 함께 '선의의 거짓말'이 꼭 필요한지에 대해 이야기를 나누어 보세요.

그러고 나서 여러 가지 재미있는 사례를 제시하면서 이럴 때 나라면 어떤 선의의 거짓말을 할 것인지 이야기 나눠 보세요. 할아버지가 전화해서 할아버지가 보낸 선물 마음에 드냐고 물어보시는데 사실은 마음에 안 들 때, 엄마가 파마를 하고 와서 예쁘냐고 물어보는데 사실은 하나도 안 예쁠 때, 아빠가 떡볶이를 만들어 주면서 맛있냐고 물어

보는데 사실은 너무 맛이 없을 때와 같이 일상생활에서 충분히 경험할 수 있는 일들을 사례로 들어 이야기를 나눠 보는 거예요.

책 대화는 교훈적이고 학습적인 내용을 통해 뭔가를 가르쳐 줘야 한다는 부담을 많이 갖고 있는데, 실제로 아이들은 이런 대화들을 더 좋아합니다. 아이들이 진심으로 즐거워해야 효과도 커지고요.

 글쓰기 수업

책 대화를 끝낸 다음 바로 글쓰기를 해야 책 대화를 통해 얻은 재료들을 얼른 활용할 수 있어요. 『엄마는 거짓말쟁이』 역시 줄거리 요약이 핵심입니다. 또한 '내가 가장 마음에 들어 하지 않는 상대방의 행동'을 글로 써 봄으로써, 서로의 마음을 들여다보고 관계를 개선할 수 있는 방향을 찾아보는 시간을 가질 거예요.

1. 줄거리 요약하기

앞에서 슬비 엄마의 거짓말을 찾아보면서 자연스럽게 책의 내용을 한 번 훑어보았기 때문에 줄거리를 요약할 때 큰 어려움이 없을 것입니다. 그래도 아이가 중심 내용에서 벗어나지 않도록 다음과 같은 질문을 통해 핵심 사건에 대해 짚어 줄 필요가 있습니다.

엄마: 슬비 엄마는 어떤 사람이지?

아이: _____

엄마: 예를 들어 어떤 거짓말들을 했을까?

아이: _____

엄마: 참다못한 슬비는 어떻게 행동하기 시작했지?

아이: _____

엄마: 그러다가 학교에 한복을 가져가야 하는 날 어떤 일이 생겼지?

아이: _____

엄마: 앞으로 엄마와 슬비는 어떻게 하기로 했을까?

아이: _____

이 5개의 질문으로 핵심 사건들을 다시 한번 상기시킨 뒤 본격적으로 줄거리 요약을 시작해 보세요.

예시문 슬비 엄마는 무슨 일이 생기면 거짓말을 해서 슬쩍 넘어가려고 한다. 모임을 깜빡 잊어버렸을 때는 슬비가 전달을 안 해 줬다고 거짓말을 하고, 교통 신호를 어겨서 교통경찰에게 걸렸을 때는 슬비가 많이 아파서 병원 가느라 그랬다고 거짓말을 하는 등 평소에 자주 거짓말을 한다. 슬비는 그런 엄마의 행동을 미워하다가 갖고 싶은 물건이 생길 때마다 엄마처럼 거짓말을 하기 시작한다.

학교에 한복을 가져가야 하는 날, 엄마와 슬비는 한복을 챙기는 문제로 티격태격하다가 서로 감정이 상해 버린다. 결국 슬비는 한복을 안 가지고 학교에 갔고, 밤에 엄마가 아파서 한복을 못 챙겨왔다고 거짓말을 한다. 그때 마침 엄마가 한복을 가지고 학교에 와서 슬비가 밤에 많이 아파서 한복을 못 챙긴 것이라고 거짓말을 한다. 슬비와 엄마가 서로 다른 말을 하자 담임선생님은 둘 다 거짓말을 하고 있다는 사실을 눈치 채고는 슬비와 엄마를 혼낸다. 결국 둘은 거짓말을 안 하기로 약속하지만, 무서운 담임선생님이 보자고 하면 무조건 바쁘다고 말하라고 엄마가 또다시 거짓말을 시작하는 바람에 슬비는 어이없어 한다.

2. 우리 엄마의 어떤 행동이 가장 마음에 들지 않는지 쓰기

엄마 입장에서도 마음에 들지 않는 아이의 행동이 있겠지만, 당연히 아이 입장에서도 마음에 들지 않는 엄마의 행동이 있을 것입니다. 엄마의 어떤 행동이 가장 마음에 들지 않는지 아이가 솔직하게 써 볼 수 있는 시간을 주세요. 혹시나 엄마한테 혼날까 봐, 엄마가 자신의 글을 보고 속상해할까 봐 마음에 있는 이야기를 다 꺼내지 못할 수도 있으니 최대한 편안하고 부드러운 분위기를 만들어 주세요.

이때 엄마도 함께 '가장 마음에 들지 않는 아이의 행동'에 대해 쓴 다음, 아이와 서로 바꾸어 보는 시간을 가지면 훨씬 더 효과가 큽니다. 서로의 마음을 알았다면 앞으로 그 부분을 개선하기 위해 어떤 노력을 기울일지 이야기 나누면서 마무리하면 훈훈해집니다.

예시문 우리 엄마는 나한테 뽀뽀를 너무 많이 한다. 하루에 수십 번도 더 내 얼굴에 뽀뽀를 한다. 나도 이젠 다 컸는데 자꾸 귀엽다면서 뽀뽀하자고 하면 너무 귀찮아서 짜증이 난다. 날 아직 아기 취급하는 것 같아서 자존심도 상한다. 어느 때는 얼굴에 침 냄새가 날 정도로 뽀뽀를 많이 하는데, 그런 날은 진짜 열 받는다.

엄마가 나한테 뽀뽀하는 것은 나를 사랑하기 때문이겠지만, 너무 많이 하는 것은 싫으니 적당히 조절해 줬으면 좋겠다.

예시문 ○○이는 화가 나면 방문을 쾅 닫고 자기 방으로 들어가 버리는데, 엄마는 이럴 때마다 많이 슬퍼진다. 일단 방문을 쾅 닫고 들어가는 모습 자체가 엄마를 무시하는 것 같은 느낌이 들고 버릇없어 보인다. 화가 나서 엄마랑 대화하고 싶지 않다는 뜻을 표현하고자 하는 마음은 충분히 이해하지만, 방문을 쾅 닫는 것으로 그 뜻을 표현하려는 것은 가장 안 좋은 방법 같다. 다음부터는 ○○이가 "지금 기분이 안 좋으니까 내 방에서 혼자 조용히 있고 싶어요."라고 말로 기분을 표현해 주면 좋겠다.

독서록 Tip

이 책을 읽고 독서록을 쓰고 싶다면 슬비 엄마에게 보내는 편지글 형태로 정리해 봅니다. 슬비 엄마의 행동에 어떤 문제점이 있는지 지적하고, 그런 모습들이 슬비에게 끼칠 안 좋은 영향에 대해서도 전달합니다. 그리고 나서 앞으로 어떻게 행동하는 것이 좋을지 제안하는 내용으로 마무리하면 알찬 독서록이 완성될 것입니다.

여우 아저씨는 어떻게 베스트셀러 작가가 됐을까?

『책 먹는 여우』를 읽고 글쓰기

프란치스카 비어만 글·그림/ 김경연 옮김 | 주니어김영사

여우 아저씨는 그야말로 독특한 식습관을 갖고 있어요. 자신이 다 읽고 난 책을 맛있게 먹다니요! 비싼 책을 사서 끼니로 먹다 보니 안 그래도 가난뱅이였던 여우 아저씨는 완전히 거덜이 나고 말았습니다. 그래도 책을 먹는 습관을 버리지 못하고 도서관에서 빌린 책을 먹거나 서점에서 훔친 책을 먹는 기행까지 저질러요. 정말 못 말리는 주인공입니다. 결국에는 감옥에서 쓴 책이 베스트셀러가 되어 책을 마음껏 먹으며 살아갈 수 있게 된답니다. 더 이상 다른 사람에게 민폐를

끼치지 않아도 되고 자기 자신의 행복한 일상도 되찾았으니, 그야말로 최고의 해피엔딩이 아닐까 싶어요.

책 대화 나누기

『책 먹는 여우』는 아이들이 참 좋아하는 책입니다. 독특한 행동을 일삼는데, 이상하게도 그것이 밉거나 거부감이 들지 않아요. 심지어 도서관 책을 파손하거나 도둑질을 하는데도 그것이 나쁘게 느껴지지 않을 정도입니다. 이 책을 읽었다면 여우 아저씨라는 독특한 캐릭터에 대해 분석하는 대화를 나누면 아주 즐거운 책 대화 시간이 될 거예요.

1. 내가 여우 아저씨였다면 돈이 없는데 책을 사서 먹고 싶을 때 어떻게 했을까?

여우 아저씨는 책을 읽고 그것을 먹어야 살아갈 수 있는 존재이기 때문에 생존과 연결되는 부분입니다. 그런데 가난뱅이여서 책을 살 수 있는 돈이 없어요. 결국 여우 아저씨는 옳지 않은 방법을 선택하고 말아요.

아이들은 당연히 이 방법이 잘못됐다는 사실을 알고 있습니다. 공공의 물건을 파괴하거나 도둑질을 하는 것은 누가 봐도 나쁜 행동이지요. 그렇다면 만약 내가 여우 아저씨였다면 이 문제를 어떻게 해결할 것인지에 대해 아이와 이야기 나눠 보세요. 만약 아이가 마땅한 대답을 떠올리지 못한다면 "그런데 왜 여우 아저씨는 일을 해서 돈을 벌 생각을 안 하지?"와 같은 질문을 통해 아이가 현명한 방법을 찾을 수 있도록 도와주세요.

2. 여우 아저씨는 과연 어떤 이야기를 책으로 써서 베스트셀러 작가가 되었을까?

여우 아저씨의 불행한 인생은 감옥에서 대반전을 맞게 되었습니다. 감옥에서는 먹을 수 있는 책이 없어서 직접 책을 썼는데, 그것이 베스트셀러가 되면서 평생 책을 먹고 살 수 있는 부자가 되었지요. 그렇다면 과연 여우 아저씨는 어떤 이야기를 책으로 써서 베스트셀러 작가가 되었을까요? 여우 아저씨가 쓴 책의 줄거리가 어떨지 상상해서 이야기를 나누는 시간을 가져 보세요. 이때 주의할 점은 이 책의 줄거리를 이야기하는 것이 아니라, 이 책에 등장하는 여우 아저씨가 쓴 책의 줄거리를 이야기해야 합니다.

3. 내가 재미있게 읽은 책을 맛으로 표현한다면?

책을 먹는 여우 아저씨의 이야기를 읽었으니, 이번에는 색다르게 책을 맛으로 표현하는 시간을 가져 봅니다. 내가 재미있게 읽은 책의 맛이 어떤 맛이었는지, 왜 그런 맛으로 느껴졌는지 자유롭게 이야기 나눠 보세요. 예를 들어 『온 세상 국기가 펄럭펄럭』이라는 책은 닭강정

맛입니다."라고 이야기했다면 "이 책에는 국기에 대한 여러 가지 이야기가 담겨 있는데, 어떤 것은 재미있고 어떤 것은 감동적이고 어떤 것은 신기합니다. 닭강정은 달콤 매콤 짭쪼름한 맛이 한데 섞여 있기 때문에 다양한 느낌을 주는 이 책과 많이 닮아 있습니다."라고 이유를 구체적으로 말할 수 있도록 도와주면 됩니다.

 글쓰기 수업

『책 먹는 여우』는 쉽고 재미있게 읽을 수 있는 책이기 때문에 글쓰기 활동 역시 쉽고 재미있게 할 수 있으리라 생각하는 건 오산입니다. 어떤 책을 읽고 글을 쓰든 아이들은 어려워하고 힘들어할 거예요. 그러므로 엄마가 아이에게 유익한 질문을 해서 글쓰기 재료를 풍부하게 제공함과 동시에 즐거운 시간을 만들어갈 수 있도록 노력해야 해요.

1. 줄거리 요약하기

『책 먹는 여우』는 내용은 쉽지만 줄거리를 요약하기가 비교적 까다로운 편이에요. 내용은 어렵지만 명확한 흐름이 보여서 줄거리 요약은 어렵지 않은 책들도 있고, 이 책처럼 내용은 술술 쉽게 읽히지만 어디에 초점을 맞춰야 할지 헷갈려 우왕좌왕하게 되는 책들도 있습니다. 주인공에게 일어난 중요한 사건 중심으로 줄거리를 요약할 수 있도록 다음과 같은 질문으로 도움을 줘야 합니다.

엄마: 여우 아저씨는 어떤 버릇이 있지?

아이: _____

엄마: 그래서 먹을 책들을 어떻게 구했을까?

(전당포, 도서관, 서점 이야기가 모두 등장하도록 질문을 이어가 주세요.)

아이: _____

엄마: 결국 경찰에 잡혀서 감옥에 가고 나서는 책을 먹기 위해 어떻게 했지?

(아이의 대답에 교도관 빛나리 씨가 등장할 수 있도록 유도해 주세요.)

아이: _____

엄마: 베스트셀러 작가가 된 여우 아저씨의 생활에는 어떤 변화가 생겼을까?

(교도관 빛나리 씨 생활의 변화도 살짝 언급할 수 있도록 해 주세요.)

아이: _____

이야기 구조는 단순하지만, 재미있는 사건들이 많아서 그것들을 다 언급하다 보면 줄거리가 길어질 수 있습니다. 하지만 줄거리는 최대한 간략하게 요약하는 것이 핵심입니다. 중심 사건들에 집중해서 간략하게 줄거리를 요약할 수 있도록 도와주세요.

예시문

여우 아저씨는 책 읽기를 아주 좋아하는데, 책을 다 읽고 나면 소금 한 줌과 후추 조금을 뿌려서 꿀꺽 먹어치우는 버릇이 있었습니다. 그러다 보니 비싼 책을 매번 사야 했는데, 여우 아저씨는 가난뱅이여서 가구들을 전당포에 맡기고 받은 돈으로 책을 샀습니다. 하지만 그것으로는 부족해서 도서관에 가서 책을 빌려서 먹기 시작했어요. 책을 빌려가기만 하고 돌려주지 않는 여우 아저씨의 행동을 의심한 사서에 의해 도서관 출입을 금지당하기 전까지 말이지요.

도서관 책을 먹는 것이 불가능해지자 여우 아저씨는 서점에서 책을 훔쳤어요. 그러다가 경찰에 잡혀 감옥에 가게 되었지요. 감옥에는 책이 없기 때문에 괴로워하다가, 교도관 빛나리 씨에게 종이와 연필을 얻어 자신이 먹을 이야기를 직접 쓰기 시작했어요. 여우 아저씨는 재미있는 이야기를 완성했고, 빛나리 씨는 교도관을 그만두고 출판사를 차려 여우 아저씨의 작품을 책으로 만들었어요. 마침내 여우 아저씨는 베스트셀러 작가가 되어 대단한 부자가 되었습니다. 여우 아저씨의 책에는 소금 한 봉지와 후추 한 봉지가 들어 있었는데, 그 이유는 아무도 몰랐답니다.

2. 짧은 글짓기에 도전하기

이 책을 읽다 보면 아이가 다소 어려워할 만한 단어들이 종종 보입니다. 낯선 단어, 어려운 단어가 있을 때 그 단어의 뜻만 설명해 줄 것이 아니라 짧은 글짓기를 통해 단어의 쓰임새에 대해 직접 활용해 보면 더 빠르게 이해되고 더 오래 기억에 남습니다. 또한 짧은 글짓기는 글쓰기 실력을 쌓는 데도 아주 좋은 훈련이 돼요.

주어진 단어를 포함시켜 한 문장으로 완성하는 것이 짧은 글짓기의 핵심이에요. 먼저 해당 단어가 어떤 뜻인지 이야기 나누어 보고, 책의 어느 부분에 그 단어가 등장하는지 찾아봅니다. 그다음 단어의 뜻을 생각하면서 짧은 글짓기에 도전하면 돼요. 좀 우스꽝스러운 문장이어도 되니 단어의 뜻이 무엇인지 정확하게 알려 주세요. 또한 아래 나오는 단어 이외에도 도전하고 싶은 단어가 있으면 더 도전해도 됩니다. 짧은 글짓기는 많이 할수록 좋아요.

예시문

1. 터덜터덜

책에 나오는 문장 : 여우 아저씨는 어깨를 축 늘어뜨린 채 **터덜터덜** 집으로 돌아갔어요.

예 _ 수학 학원이 끝나자마자 영어 학원으로 가는 게 너무 힘들어서 **터덜터덜** 걸어갔다.

2. 게걸스럽다

책에 나오는 문장 : 일곱 번째 책을 **게걸스레** 먹으려는 순간, 초인종이 울렸어요.

예 _ 형이 집으로 들어오자마자 배가 고프다며 내가 먹고 있던 라면을 빼앗아 **게걸스럽게** 먹었다.

독서록 Tip

이 책을 읽고 독서록을 쓰고 싶다면 먼저 줄거리를 쓴 다음, 여우 아저씨가 단숨에 이야기를 완성해서 베스트셀러 작가가 될 수 있었던 이유를 덧붙여 써 보세요. 여우 아저씨는 아마 평소에 독서를 많이 해서 소재를 찾고 이야기를 만드는 데 많은 도움을 받았을 것이라고 살짝 힌트를 줘도 됩니다. 아주 특색 있는 느낀 점을 쓸 수 있을 뿐만 아니라, 아이들에게 평소에 독서를 많이 하는 것이 얼마나 중요한지에 대해 알려 주는 계기도 될 거예요.

내게도 아낌없이 주는 존재가 있을까?

『아낌없이 주는 나무』를 읽고 글쓰기

셸 실버스타인 글·그림/ 이재명 옮김 | 시공주니어

소년이 달라고 하는 것은 아낌없이 다 내주는 나무와, 원하는 것이 있으면 나무에게 거리낌없이 부탁하고 챙겨 가는 소년 이야기……. 『아낌없이 주는 나무』는 너무나 유명해서 줄거리 정도쯤은 모르는 사람이 없을 거예요. 하지만 단지 다 나눠주는 희생적인 나무와 다 가져가는 철없는 소년이 등장하는 이야기라고만 알고 넘어가기에는 토론거리와 쓸거리가 너무 많아요. 어디에 초점을 맞춰 얼마만큼 파고 들어가느냐에 따라 감동의 폭이 달라질 수 있어요.

이 책은 1964년에 처음 출판되었다고 해요. 현재는 전 세계 30개 이상의 언어로 번역되어 1천만 부 넘게 판매되었다고 하고요. 책을 펼치면 글자 수도 많지 않고, 그림도 별로 공들인 느낌이 들지 않을 정도로 검은 선으로 술술 그려 놓았어요. 그런데 몇 글자 안 되는 글이 주는 감동의 깊이는 너무나 깊고, 대충 그려놓은 것 같은 그림이 전하는 메시지의 강도는 너무나 세요. 세계적인 명작으로 자리 잡은 데는 다 그만한 이유가 있는 듯합니다.

책 대화 나누기

여백의 미가 가득한 책이기 때문에 읽는 것 자체는 전혀 어려움이 없을 것입니다. 하지만 책을 읽고 나서 책 대화를 나눌 내용은 무궁무진해요. 아마 책을 읽는 시간보다 책 대화를 나누는 시간이 훨씬 길어질 가능성이 큽니다. 또한 책 대화를 나누면 나눌수록 책의 진정한 의미에 더욱더 접근할 수 있을 테고요.

1. 아낌없이 주는 나무가 소년에게 준 것은 무엇 무엇이 있을까?

이 책에서 나무는 소년이 필요하다고 하는 것은 그야말로 아낌없이 다 건네줍니다. 나무가 소년에게 준 것은 과연 무엇 무엇이 있을까요? 아이와 함께 하나하나 찾아보는 시간을 가져 보세요. 하지만 나뭇가지, 사과라고 대답하는 것은 너무나 뻔한 대답일 뿐만 아니라 아이들의 확장적 사고력을 발달시키는 데도 아무런 도움이 되지 않습니다. 눈에 보이는 것 말고 눈에 보이지 않는 추상적인 무엇인기도 모두 찾을 수 있도록 도와주세요.

예를 들어 나무는 소년에게 놀이를 통해 기쁨과 즐거움을 주었답니다. 어린 시절의 좋은 추억도 만들어 주었지요. 지친 소년이 휴식을 취할 수 있는 시간도 마련해 주었고, 아낌없는 사랑도 베풀어 주었어요. 이런 것들을 모두 찾으면 소년에게 나무가 어떤 존재였는지 확실히 알 수 있어요.

2. 만약 내가 나무였다면 어떻게 대처했을까?

만약에 내가 나무였다면 내게서 뭔가를 가져가려고만 하는, 그러나 너무나 사랑해서 도저히 거절할 수 없는 소년의 부탁에 대해 어떤 기분이 들지 헤아려 보는 시간을 가집니다. 가장 먼저 소년이 찾아와 "난 이제 나무에 올라가 놀기에는 너무 커 버렸는걸. 난 물건을 사고 싶고, 신나게 놀고 싶단 말이야. 그래서 돈이 필요해. 내게 돈을 좀 줄 수 없겠어?"라고 말했을 때 어떻게 대답했을지 이야기 나누어 봅니다. 상황극처럼 엄마가 소년이 되고 아이가 나무가 되어 대화를 나누면 재미있고 더 몰입할 수 있을 것입니다.

그다음 또 나무의 심정을 헤아려 보기에 좋은 부분이 있어요. 소년에게 다 나눠주고 밑동만 남은 나무가 등장하면 '그래서 나무는 행복했지만……. 정말 그런 것은 아니었습니다.'라는 문구가 등장해요. 이

때 이 문구의 의미를 생각해 보면서 과연 나무가 속으로 어떤 생각을 하고 있을지 질문해 보세요. 나무가 아낌없이 주고는 있지만, 그 마음이 마냥 편하고 행복하지는 않다는 사실을 아이도 느끼고 있는지 알 수 있는 질문이에요.

3. 노인이 된 소년이 다시 나무에게로 돌아온 이유는 무엇이었을까?

배를 타고 멀리 떠났던 소년은 노인이 되어 다시 나무를 찾아왔어요. 다시 소년을 만난 나무는 반가움보다 미안함을 먼저 표현하지요. 줄 수 있는 것이 아무것도 남아 있지 않아 혹시나 소년이 실망할까 봐 먼저 고백한 것 같아요. 하지만 의외로 소년은 이제 나무에게 뭔가를 달라고 하지를 않네요. 그저 쉴 곳이나 있었으면 좋겠다고 말해요.

노인이 된 소년은 왜 나무에게 돌아온 것일까요? 소년은 '쉴 곳'이나 있었으면 좋겠다고 말했는데, 쉴 곳이 필요할 때 왜 나무를 찾아왔을까요? 또 소년이 밑동에 앉아 쉴 때 나무는 왜 행복해했을까요? 이 한 장면 안에서도 책 대화를 나눌 수 있는 소재들이 이렇게 많아요.

글쓰기 수업

아낌없이 주는 나무와 아무 생각 없이 그것을 다 받아 챙기는 철없는 소년의 이야기를 담고 있는 이 책은 아이들에게 전해지는 메시지가 아주 강력하기 때문에 글쓰기를 할 수 있는 요소들이 다

분합니다. 줄거리 요약과 함께 이 책에서 '나무'가 상징하는 것을 되짚어 보는 글쓰기를 시도해 볼 거예요.

1. 줄거리 요약하기

『아낌없이 주는 나무』는 내용이 길지 않은 데다가 구조가 비교적 단순하기 때문에 줄거리 요약을 하기가 어렵지 않습니다. 그러나 아직 수렴적 사고력을 키우는 훈련이 되어 있지 않은 아이들에게는 짧은 분량의 책이라고 해도 줄거리 요약이 어려울 수 있어요. 혼자서 하기 어려워한다면 역시나 내용을 체계적으로 정리할 수 있는 질문들이 필요합니다.

엄마: 나무와 소년은 어떤 사이였지?

아이: _____

엄마: 하지만 시간이 흘러 둘의 사이가 어떻게 달라졌을까?

아이: _____

엄마: 소년은 나무에게 어떤 것들을 요구했지?

아이: _____

엄마: 오랜 세월이 흘러 다시 나무에게 돌아온 소년은 어떤 마음을 전했지?

아이: _____

엄마: 다시 돌아온 소년을 보면서 나무는 어떤 기분이 들었을까?

아이: 〰〰〰〰〰〰〰〰〰〰〰〰〰〰〰〰〰〰〰〰〰〰〰〰〰〰

아주 당연한 질문들이지만, 아이들은 이 질문들을 통해 이야기의 핵심을 파악하여 어렵지 않게 줄거리 요약을 해낼 수 있게 됩니다.

예시문

나무가 사랑하는 소년은 날마다 나무에게로 와서 이런 저런 놀이를 하면서 시간을 보냈습니다. 그러다가 피곤해지면 나무 그늘에서 잠이 들기도 했고요. 하지만 점점 나이 들어가면서 소년은 나무를 찾는 일이 드물어졌는데, 오랜만에 나무를 찾아가서는 돈이 필요하다는 말을 했지요. 나무는 자신의 나뭇잎과 사과를 기꺼이 내주었습니다. 그것을 가지고 가서 한동안 모습을 보이지 않던 소년은 갑자기 나타나서는 집이 필요하다고 했고, 나무는 또다시 자신의 가지들을 기꺼이 내주었어요. 그것을 가지고 가서 한동안 모습을 보이지 않던 소년은 갑자기 나타나서 배가 한 척 있었으면 좋겠다는 바람을 내비쳤고, 이번에도 나무는 자신의 줄기를 기꺼이 내주었어요. 오랜 세월 뒤에 노인이 된 소년이 돌아왔을 때 밑동만 남은 나무는 줄 수 있는 게 아무것도 없어서 속상해했지만 소년은 편안히 앉아서 쉴 곳이 있으면 된다고 했어요. 소년에게 앉아서 쉴 곳을 줄 수 있었던 나무는 너무나 행복했답니다.

2. 이 책을 읽고 딱 떠오르는 한 사람에 대해 쓰기

아낌없이 주는 나무의 행동을 보면 여러 가지 감정이 솟구쳐 오릅니다. 뭔가 한심하고 안타까우면서 불쌍하기도 한 마음이 마구 뒤섞여 마냥 속상할 따름이에요. 하지만 잘 생각해 보면 아낌없이 주는 나무와 같은 존재를 우리 주변에서 찾을 수 있어요. 과연 내 주변에도 아낌없이 주는 나무와 같은 존재가 있을까요? 있다면 그 사람이 누구인지, 왜 그렇게 생각하는지를 써 보도록 합니다.

대부분의 아이들이 이 질문에서 '엄마'라는 답을 떠올립니다. 어떻게 보면 당연할 수밖에 없는 대답이에요. 일상에서 가장 많은 시간을 보내기도 하고, 자신의 생존과 관련된 여러 가지 일들을 엄마가 챙겨 주고 있으니까요. 만약 아이가 엄마라고 대답한다면 그 이유를 자세히 쓰면 됩니다. 하지만 엄마와 함께하는 활동이기 때문에 예의상 엄마라도 대답할 수도 있어요. 아이가 어떤 마음에서 엄마라고 대답했는지는 엄마가 가장 잘 알 거예요. 만약 아이의 본심을 더 알아보고 싶다면 '엄마 말고 다른 사람'이라는 전제를 달아도 됩니다.

또 아이가 엄마가 아닌 다른 사람을 꼽았다고 해도 전혀 섭섭한 기색을 내비쳐서는 안 되고 왜 그렇게 생각하는지 이유를 물어 주세요. 엄마 말고 아빠나 할머니를 꼽는 아이도 있고, 심지어는 친한 동네 형이나 학원 선생님을 꼽는 아이도 있어요. 자기 주변에는 그런 사람이 없다고 말하는 아이도 있습니다. 이럴 때 엄마가 왜 엄마를 선택하지 않았는지에 대해 추궁하면 아이는 자신의 생각을 자유롭고 솔직하게 표현하는 데 거리낌이 생길 거예요. 아이가 다른 사람을 꼽더라도 섭섭한 마음을 꾹 참고 의연하게 이유를 물어봐 주세요.

예시문

나의 할머니는 아낌없이 주는 나무처럼 나에게 아낌없이 베풀어 줍니다. 회사로 출근하는 엄마를 대신해서 나를 돌보기 위해 아침 일찍 우리 집에 오신 뒤 아침밥을 챙겨 주시고 입을 옷을 준비해 주세요. 제가 학교에서 돌아온 뒤에는 간식도 챙겨 주시고 학원도 데려다주세요. 언젠가 할머니랑 엄마가 하는 이야기를 들었는데, 제가 학교에 가면 할머니는 빨래를 하고 청소를 하신다고 해요. 할머니도 친구들을 만나 놀고 싶고 새로운 것도 배우고 싶지만 나를 바르고 건강하게 키우는 것이 더 중요하기 때문에 다 포기하고 있다는 말도 들었어요. 우리 할머니는 정말 나를 위해 아낌없이 양보하는 분입니다. 너무너무 사랑하고 존경해요.

독서록 Tip

주인공인 소년이나 나무 둘 중에 한 명을 골라 그에게 편지글을 써 봅니다. 어떤 주인공에게 더 할 말이 많은지 고르는 것부터 해야겠지요. 편지글 형태의 독서록을 쓸 때는 편지글 안에 책의 내용이 자연스럽게 드러나면서 주인공의 행동에 대한 나의 생각이 정확히 담기도록 써야 해요.

내 마음을 전하는 가장 확실한 방법은?

『마음을 배달해 드립니다』를 읽고 글쓰기

박현숙 글 / 지우 그림 | 좋은책어린이

우리가 어렸을 때는 손편지를 써서 마음을 전하는 일이 일상이었어요. 특히 손편지의 위력은 방학 때 제대로 발휘됐지요. 담임선생님께 편지를 보내는 방학숙제가 의례적으로 있었고, 방학이라 못 만나는 친구들이 그리울 때마다 편지지를 꺼내 편지를 쓰곤 했으니까요. 어디 그뿐인가요. 멀리 떨어져 있는 친척이나 멀리 전학 간 친구들에게도 손편지는 소중한 안부의 수단이었고, 심지어는 얼굴도 모르는 사람에게 펜팔이라는 이름을 붙여 열심히 편지를 쓰기도 했어요.

하지만 요즘은 세상이 완전히 달라졌지요. SNS를 통해 아이들은 실시간으로 주변 사람들과 소통해요. 우리가 마음을 전했던 손편지는 이메일로 완전하게 대체됐습니다. 디지털 기기가 판치고 있는 이 세상에 손편지라는 가장 아날로그적인 방식으로 친구와 화해하는 과정을 담은 『마음을 배달해 드립니다』는 매우 신선하고 흥미롭게 다가옵니다. 이 책을 읽고 나면 손편지의 매력을 제대로 알게 됩니다.

 책 대화 나누기

이 책에서 가장 중요한 소재는 손편지이기 때문에 손편지에 대해 다양한 책 대화를 나눠 보는 것은 당연한 절차입니다. 더불어 이 책의 내용을 통해 비판적 사고력을 키울 수 있는 질문도 몇몇 던져 볼 수 있어요. 여기에서 '비판'은 '옳고 그름을 가려 평가하고 판정하는 입장에 서는 것'이라고 해석해야 맞습니다.

비판적 사고는 창의력과 논리력의 기반이 돼요. 그러므로 독서를 할 때 저자가 들려주는 이야기를 무조건 수동적으로 받아들일 게 아니라 사건이나 인물에 대해 다른 관점에서 바라보는 연습을 해야 합니다. 다른 관점을 바라봐야 비판적 사고를 할 수 있으니까요.

1. 미지의 잘못이 더 클까, 형진이의 잘못이 더 클까?

평소에 미지에게 관심이 있었던 형진이는 미지가 사과를 맛있게 먹는 것을 보고 자신의 사과를 아껴 두었다가 미지에게 건넸어요. 그런데 미지는 더러운 손으로 주물럭거린 것을 자신에게 준다고 면박하며 매몰차게 거절하지요. 게다가 친구들 앞에서 평소에 잘 씻지도 않고 지저분한 행동을 하는 아이라며 공개적으로 망신을 줘요. 그것 때문에 화가 난 형진이는 반 단톡방에 미지가 코딱지를 파서 책상 밑에 붙여 놓는다는 이야기를 올립니다. 다음 날 미지는 친구들에게 웃음거리가 되었고요.

과연 둘 중에 누구의 잘못이 더 크다고 생각하나요? 먼저 형진이를 망신시킨 미지가 더 잘못했을까요, 아니면 단톡방에 남을 비방하는 거짓된 내용을 올린 형진이가 더 잘못했을까요? 잘못은 미지가 먼저 한 것 같은데, 글은 저장되어 남기 때문에 말로 하고 넘어가는 것보다 더 큰 잘못이 될 것 같아요. 과연 누구의 잘못이 더 클지 아이의 생각을 들어 보세요.

2. 형진이에게만 사과하라고 한 선생님의 판단은 공평했을까?

제가 보기에 미지와 형진이 둘 다 잘못을 한 것 같은데, 담임선생님은 오로지 형진이에게만 사과할 것을 지시해요. 분명 형진이가 "미지도 저한테 더럽다고 했다고요."라고 말했는데도 거기에 대해서는 아무런 조치를 취하지 않았어요. 이런 선생님의 판단은 공평한 것일까요? 내가 만약 선생님이었다면 어떤 판단을 내렸을까요? 아이와 함께 어떤 것이 공평한 것인지에 대해 진지하게 이야기 나누어 보세요.

3. 손편지의 장단점과 이메일의 장단점은 무엇일까?

이 책을 읽고 나서 손편지와 이메일의 장단점에 대해 비교하지 않을 수 없겠지요. 손편지의 가장 큰 장점이라고 하면 이 책에 나온 대로 진심을 잘 담을 수 있다는 것이에요. 형진이가 손편지를 쓰면서 스마트폰이나 컴퓨터 자판을 두드릴 때는 술술 나오던 욕이 직접 손으로 쓰려니까 자꾸 멈칫거려진다고 했잖아요. 그것 또한 손편지의 장점이 되겠네요. 정성이 많이 담긴 만큼 받는 사람 입장에서도 더 소중한 느낌이 들어 잘 간직할 테고, 그럼 그것은 하나의 추억으로 자리잡을 수도 있겠지요. 글자를 아는 사람이라면 누구나 쓸 수 있다는 점을 또 하나의 장점으로 꼽을 수 있겠어요.

반면 내가 직접 전해 주기 곤란할 때 누군가의 도움을 받아야 하는데, 그 과정이 번거로울 수 있다는 점은 단점이 될 수 있어요. 우표를 붙여서 우체국을 통해 보내는 것도 방법인데, 그렇게 하면 시간이 오래 걸리고 우표를 구입하는 비용도 발생하지요. 직접 손글씨를 써야 하기 때문에 손이 아프다는 것도 단점이 될 수 있겠고, 예쁜 편지지나 카드를 사야 한다는 부담감도 단점이라면 단점일 수 있겠어요.

손편지의 장점은 곧 이메일의 단점이 될 것이고, 반대로 손편지의 단점은 곧 이메일의 장점이 될 거예요. 이메일의 단점을 이야기할 때는 디지털 기기가 없거나 디지털 기기를 사용할 줄 모른다면 아예 보낼 수 없다는 사실은 꼭 짚어 줘야 합니다.

글쓰기 수업

『마음을 배달해 드립니다』도 앞에 등장한『엄마는 거짓말 쟁이』처럼 생활동화입니다. 생활동화는 아이들이 공감할 만한 주제를 다루기 때문에 이야기를 재미있게 읽어 나갈 수 있습니다. 그런데 의외로 줄거리를 요약할 때는 어려움을 겪는 편이에요. 생활동화에는 다양한 에피소드가 등장하는데, 이런저런 에피소드들이 다 중요하게 느껴져서 그것을 다 담으려고 하다 보면 내용이 길어지는 경향이 있어요. 그러므로 주인공에게 어떤 일이 벌어졌고 그것을 어떤 과정을 거쳐 어떻게 해결했는지에만 초점을 맞추도록 합니다. 부가적인 에피소드들은 과감하게 쳐내도 돼요.

이 책의 글쓰기 수업은 줄거리 요약과 더불어 친구와 화해하는 나만의 방법을 글로 써 보려고 해요. 이 두 가지만 있으면 훌륭한 독서록 한 편을 뚝딱 써낼 수 있습니다.

1. 줄거리 요약하기

『마음을 배달해 드립니다』는 앞서 소개한 네 권의 책보다 분량이 많은 편입니다. 분량이 많으면 당연히 줄거리 요약도 그만큼 어려워져요. 그러므로 이야기의 핵심을 잘 간추릴 수 있는 질문들이 더더욱 필요합니다. 핵심적인 내용을 잘 골라낸 뒤, 그것을 효율적으로 잘 요약할 수 있도록 도와주세요.

엄마: 형진이와 미지 사이에 어떤 일이 생겼지?

아이: _____

엄마: 그래서 형진이는 어떻게 복수했을까?

아이: _____

엄마: 선생님이 미지를 울린 형진이에게 무엇을 요구했지?

아이: _____

엄마: 형진이는 어떤 방법으로 미지에게 사과했어?

아이: _____

엄마: 형진이가 미지에게 사과한 방법을 활용하기 위해 3학년 2반
에는 무엇이 생겨났을까?

아이: _____

형진이가 미지에게 손편지를 보내기 위해 형의 우표를 훔친 뒤에 벌
어지는 일과 3학년 2반 우체국이 만들어지는 과정에 대해서는 너무
깊이 있게 다루지 않도록 주의해 주세요. 그 에피소드들을 자세히 다
루다가는 간략하게 요약하는 일에 실패하고 말 거예요.

예시문   형진이는 점심시간에 받은 사과를 미지에게 건넸으나
미지는 더럽다면서 거절했어요. 게다가 평소에 형진이
의 지저분한 습관을 들먹이며 아이들 앞에서 창피를 주었어요.
화가 난 형진이가 반 단톡방에 미지가 코딱지를 책상에 붙여 놓

는다는 글을 올렸고, 다음 날 미지는 친구들에게 놀림을 당해 울음을 터트렸어요. 우는 미지를 본 선생님이 형진이에게 사과하라고 하자 형진이는 친구 우민이의 도움을 받아 손편지를 썼어요. 손편지에는 우표도 붙여야 한다는 우민이의 제안에 형이 수집한 우표를 하나 훔쳐 붙이기도 했어요. 손편지를 받은 미지는 형진이를 용서했고, 손편지가 가진 힘을 알게 된 3학년 2반 아이들은 '3학년 2반 우체국'을 만들어 서로 손편지를 주고받기로 했습니다. 첫 번째 편지의 주인공은 미지였는데, 미지가 쓴 편지를 통해 형으로부터 훔친 우표가 아주 소중한 것이라는 사실을 알게 된 형진이는 그 일을 수습하기 위해 진땀을 뺐답니다.

2. 만약 내가 형진이였다면 어떤 방법으로 내 마음을 전달했을까?

형진이는 우민이의 도움을 받아 미지에게 손편지를 써서 마음을 전했고, 다행히 그 방법은 성공했어요. 손편지를 통해 마음을 전달하는 것은 아주 효과적인 방법이지요. 하지만 꼭 마음을 전달하는 방법이 손편지뿐일까요? 만약 나였다면 어떤 방법을 통해 사과하고 싶은 마음을 전했을지 자유롭게 글로 써 보도록 할게요.

아이가 새로운 방법을 제안할 수도 있지만, 아이의 생각에도 손편지가 가장 적절하다고 판단할 수 있어요. 그럴 때 굳이 "책에 나와 있는 방법 말고 다른 방법을 찾아봐."라고 제안할 필요는 없습니다. 그 대신 손편지가 가장 적절하다고 생각하는 이유가 무엇인지를 공들여 쓸 수 있도록 하면 되니까요.

나는 편지보다는 선물이 더 효과가 있을 것 같다. 다른 친구들을 통해 그 친구가 좋아하는 것을 미리 알아본 뒤 그 선물을 사서 미안하다는 사과와 함께 건넬 것이다. 아이돌을 좋아하는 아이라면 아이돌 굿즈를, 특정한 캐릭터를 좋아하는 아이라면 그 캐릭터 굿즈를 선물하면 아주 좋을 것 같다. 자신이 좋아하는 물건을 보는 순간 기분이 좋아지면서 화난 마음이 누그러질 것이고 그 틈을 이용해 사과를 하면 마음을 받아줄 것이다.

독서록 Tip

이 책을 읽고 독서록을 쓰고 싶다면 우선 이 책의 줄거리부터 요약한 뒤 나였다면 어떤 방법으로 미지의 마음을 풀어줬을지 느낀 점을 쓰면 됩니다. 이 책을 통해 알게 된 손편지의 매력을 느낀 점으로 써도 좋아요.

학교 과제로 나오는 글쓰기 지도법 2

일기 쓰기,
소재는 좁게! 내용은 깊게!

아이들 일기 쓰기를 정말 귀찮아하지요? 일기는 의미 있는 사건이나 인상 깊었던 경험을 했을 때 특별한 감정을 담아 써야 하는데, 과제로 내주는 일기는 매일매일 의무적으로 쓸 것을 강요해요. 그래서 일기 자체는 난도가 높은 글이 아니지만, 무엇을 써야 할지 소재가 잘 떠오르지 않아 힘들어하는 과제이지요. 일기는 쓰기 그 자체보다 소재 찾기와의 싸움이라고 하는 게 더 맞을 것 같아요.

아이들이 소재 찾기와의 전쟁에서 어려움을 겪지 않도록 도움을 주기 위해 제가 쓰는 방법은 수업 전 '해피 뉴스'를 발표하는 것입니다. 지난 수업 끝나고부터 이번 수업 시작 전까지 있었던 일 중에서 가장 기억에 남는 해피 뉴스를 전해 주는 활동이에요. 새드 뉴스도 안 되고 앵그리 뉴스도 안 됩니다. 무조건 해피 뉴스여야 해요. 해피한 소식을 전해야 한다는 조건을 충족시켜야 하기 때문에 아이들에게 생각을 한 번 더 가다듬을 수 있는 기회가 생겨요.

해피 뉴스를 발표하라고 하면 아이들은 해피한 일이 하나도 없었다고 곤란해하는 경우가 많아요. 어디 여행을 갔다거나, 맛집에 다녀왔다거나, 친구나 친척을 초대하는 것처럼 정말로 특별한 이벤트만을 해피 뉴스의 범위 안에 담기 때문에 벌어지는 일이에요. 그런데 해피 뉴스를 계속해서 발표하다 보면 일상의 아주 사소한 사건에서도 해피함을 찾게 됩니다. 예를 들어 학원 숙제를 안 해 갔는데 선생님이 검사를 안 해서 다행이었다, 급식 시간에 내가 좋아하는 어묵 반찬이 있어서 맛있게 먹었다, 오늘 학교 끝나고 집으로 돌아가는데 엘리베이터가 1층에 멈춰 있어서 하나도 안 기다려서 기뻤다 등등의 아주 일상적이지만 그날따라 조금 더 특별하게 느껴졌던 해피 뉴스들을 쉽게 꺼내어 전해 줘요.

심지어 동생이 까불다가 엄마한테 혼나서 기분이 완전 좋았다는 소식을 전해 주는 아이도 있고, 3일 동안 똥을 못 싸서 고통스러웠는데 오늘 시원하게 해결해서 기분이 상쾌하다는 소식을 전해 주는 아이도 있어요. 그 순간 아이가 해피했다면 그것 역시 해피 뉴스가 맞습니다. 이렇게 일상생활에서 소소한 일에도 특별한 의미를 부여하는 연습을 해 보면 일기 쓰는 데 많은 도움이 될 거예요.

또한 일기를 쓸 때는 그날 했던 일들을 줄줄이 나열하기보다는 특별힌 한 가지 일에 집중해서 써야 해요. 그날 있었던 일을 죽 나열하다 보니 소재가 금세 고갈되는 거예요. 우리가 사는 일상에서 특별한 이벤트가 있는 날은 몇 안 되잖아요. 그래서 한 가지 일을 집중적으로 파고들어 소재를 아낄 필요가 있습니다. 한 가지 일을 골라 그 일의 과정과 결과, 그리고 그 일을 겪으면 자신은 어떤 생각과 느낌이 들었는지를 자세히 써야 글쓰기 실력도 쑥쑥 향상됩니다.

예를 들어 가족과 함께 부산 여행을 다녀온 일기를 보통은 아래와 같이 씁니다.

나쁜 예 _ 오늘은 가족과 함께 부산 여행을 갔다. 해운대에서 밥을 먹고 광안리 해수욕장에 가서 잠깐 모래놀이를 했다. 그러다가 태종대로 갔는데, 너무 많이 걸어서 다리가 아팠다. 태종대에서 저녁밥까지 먹었는데 메뉴는 돼지국밥이었다. 별로 맛이 없었다. 저녁밥까지 먹고 나서 다시 해운대로 갔다. 해운대에 우리가 잠을 잘 숙소가 있기 때문이다. 참 즐거운 하루였다.

이렇게 있었던 일을 줄줄이 나열하는 일기는 내용도 재미가 없을 뿐만 아니라 소재도 금세 고갈되고 글쓰기 실력을 향상시키는 데도 별로 도움

이 안 돼요. 아래와 같이 그중에서 특별히 기억에 남는 하나의 사건에 초
점을 맞추어 자세히 쓸 수 있어야 합니다.

좋은 예 _ 오늘은 가족과 함께 부산 여행을 갔다. 부산
은 볼거리가 참 많은 곳이었지만 나는 그중에서도 태종
대에 갔던 게 가장 기억에 남는다. 태종대는 풍경이 너무너무
아름다웠다. 깎아 놓은 듯한 절벽이 신기하면서도 아찔한 느낌
이 들어 나도 모르게 엄마 손을 꼭 붙들고 다녔다. 태종대를 거
닐고 있자니 왠지 모르게 신비로운 느낌이 들어 바닥에 주저앉
아 도를 닦는 시늉을 해 봤다. 그랬더니 정말 기분이 이상해졌
다. 내년에도 태종대에 또 오고 싶다.

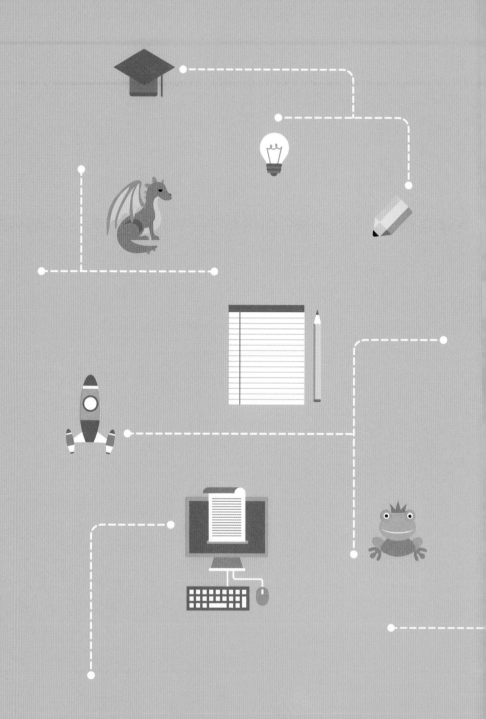

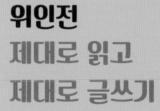

Chapter 3

위인전
제대로 읽고
제대로 글쓰기

위인전을 읽었지만
어떤 사람인지 설명하지 못하는 아이들

★　　　　　요즘 아이들은 아주 어릴 때부터 많은 책에 둘러싸여 성장합니다. 창작물, 역사, 사회문화, 과학, 인물 등 다양한 분야의 책을 두루 섭렵하는 것이 일종의 통과의례 같은 것이 되었어요. 인터넷 상에서 이루어지는 도서 공동구매를 보고 있노라면, 우리나라에 이렇게 많은 책이 있었나 하고 놀랄 정도예요.

그런데 참 이상하지요? 이렇게 많은 책들을 부지런히 읽으며 성장했다면 당연히 독서력이 좋아야 할 텐데, 저는 아이들을 지도하면서 낮은 독서력으로 한숨을 지을 때가 참 많습니다. 매주 수업을 하기 위해 과제로 내준 책을 아이들은 열심히 읽어 왔다고 하는데, 주요 내용을 잘 파악하지 못할 뿐만 아니라 잘못 이해하는 경우도 부지기수예요.

그중에서도 저는 위인전을 읽고 나서 아이들이 보여 주는 독서력이 가장 심각하다는 생각을 자주 합니다. 위인전을 읽었다면 그 위인이 어떤 일을 한 사람인지 정확하게 알아야 합니다. 위인전을 읽는 목적이 바로 그 인물을 이해하기 위함이니까요. 하지만 책을 읽고 온 아이들에게 그 인물이 어떤 사람인지 물어보면 제대로 대답을 하는 경우가 드물어요.

예를 들어 아인슈타인을 읽고 온 아이들에게 "아인슈타인은 어떤 사람이지?"라고 물어보면 거의 대부분의 아이들이 "똑똑한 과학자요." 정도로밖에 대답을 하지 못합니다. '세상에서 제일 똑똑한 과학자'라고 수식어를 좀 더 덧붙이는 아이들도 있습니다. 조금 더 나아가 "노벨상을 받은 물리학자요."라고 대답하는 아이들이 종종 있기는 하나 그마저도 어떤 업적으로 노벨상을 받았는지, 물리학자가 무엇을 연구하는 사람인지까지는 대답하지 못하지요. 정말 드물게 "핵폭탄 만든 사람이요."(사실은 핵폭탄을 만든 사람은 아니고 아인슈타인이 만든 $E=mc^2$이라는 공식을 이용해 미국에서 핵폭탄을 만든 것이지요.) 내지는 "상대성 이론 만든 사람이요."라고 대답하는 아이도 있지만 마찬가지로 $E=mc^2$과 상대성 이론이 무엇인지는 설명하지 못합니다.

참 아이러니하지요. 아이를 키우는 집이라면 위인전집이 없는 집이 없잖아요. 위인전집 목록 중에 아인슈타인이 빠질 리도 없을 테고요. 분명 그 전에도 아인슈타인 책을 읽어 봤을 텐데 아이들이 아인슈타인이 누군지 전혀 대답하지 못해요. 게다가 과제로 아인슈타인에 대한 책을 읽고 왔는데도 말이지요. 이것은 곧 위인전을 제대로 읽지 않왔다고 해석할 수 있겠습니다.

사실 위인전은 해당 위인이 어떤 일을 한 사람인지를 아는 것뿐만 아니라, 그 위인의 업적이 세상에 어떤 영향을 미쳤는지까지 이해해야 합니다. 눈으로 글자만 술술 읽고 넘어가는 독서법으로는 절대로 위인전을 제대로 읽을 수 없습니다. 아이들이 독서를 할 때 곁에서 엄마가 이런저런 질문들을 하며 아이의 사고력을 확장시켜 주는 것이 매우 중요한데, 그중에서도 위인전은 엄마의 도움이 더더욱 절실한 장르예요.

위인의 업적을 정확히 이해하기 위해서는 단지 그 위인이 몇 년도에 태어나서 몇 년도에 어떤 대학교에 합격하고, 몇 년도에 결혼한 뒤 몇 년도에 무슨 상을 받았는지를 파악하는 데서 끝나면 안 됩니다. 위인의 업적에 어떤 의미가 있는지를 알기 위해서는 역사적인 부분이나 정치적인 부분까지 고려해야 하는데, 책에 나와 있는 내용으로는 한참 부족할 수 있어요. 왜냐하면 지금 우리나라에서 출간되고 있는 위인전집들은 대부분 몇 년도에 무엇을 했는지, 다시 말해 연도별 이벤트를 정리하기에 급급하거든요.

그래서 위인전은 독서 단계에서부터 엄마 찬스가 필요합니다. 엄마가 아는 역사 지식을 총동원해서 해당 위인이 살았던 시대의 역사적 배경을 알려 주고, 정확히 모르는 용어나 개념이 나오면 함께 자료를 찾아보며 해석하고, 덧붙여 알면 좋을 상식들을 찾아 그것에 대해 분석하며 위인을 정확하게 이해하는 시간을 가질 수 있어야 해요. 그러고 보면 엄마도 제대로 된 독서를 하기 위해서는 공부를 정말 많이 해야 하는 장르가 바로 위인전이에요. 어른인 엄마들에게도 많은 과제를 안겨 주는 장르인데, 하물며 어린아이가 혼자의 힘으로 책에 나오는 내용만 쭉 한 번 훑어보는 것만으로는 한참 부족하겠지요.

창작동화를 읽고 나서 글쓰기를 할 때 줄거리 요약이 필수였다면, 위인전을 읽고 나서 글쓰기를 할 때는 그 위인이 어떤 사람이고 이 세상에 어떤 영향을 미쳤는지에 대해 정리하는 것이 필수입니다. 먼저 책 대화를 통해 그 위인에 대해 설명할 수 있는 재료들을 모은 뒤 글쓰기 편에서 본격적으로 위인의 업적과 역할에 대해 정리해 볼 수 있도록 구성했어요. 지금부터 진짜 위인전 읽기가 시작됩니다.

WRITING·6

잡스는 어떤 사람일까?

『스티브 잡스』를 읽고 글쓰기

남경완 글 / 안희건 그림 | 비룡소

이 책의 제목은 '스티브 잡스'인데, 부제는 '세상을 바꾼 상상력과 창의성의 아이콘'이라고 쓰여 있습니다. 스티브 잡스를 표현하는 데 딱 알맞은 문구지요. 세상 사람들이 상상하지도 못한 물건들을 만들어 내서 세상을 뒤흔든 잡스는 21세기 가장 창의적인 인물로 손꼽히고 있습니다. 또한 IT Information Technology 리더들이 지난 100년간 가장 성공한 경영자로 꼽은 인물이기도 해요. 그런 잡스를 우리가 모르고 넘어가는 것은 말이 안 되겠지요. 아이와 함께 잡스에 대해 알아가는 시간을 가져 보세요.

요즘 아이들은 잡스에 대해 꽤 잘 알고 있습니다. 아이폰, 아이패드
등은 아이들에게 너무 흥미로운 것들이라, 그 물건들을 만들어낸 잡
스라는 이름에도 꽤 익숙해요. 하지만 대부분의 아이들이 아이폰이
나 아이패드를 만든 사람이라는 정도로만 인지하고 있어요. 정말 중
요한 것은 아이폰이나 아이패드 같은 물건들이 세상을 어떻게 바꾸었
는지에 대한 것인데 말이지요. 그래야 잡스의 업적에 대해 제대로 이
해할 수 있을 테니까요.

 책 대화 나누기

잡스 역시 어렸을 때는 다른 위인들처럼 괴짜의 면모를 보
였습니다. 특별한 아이가 특별한 어른으로 성장한다는 말이 맞기는
한 모양입니다. 애플 컴퓨터를 설립한 이후에는 자기중심적인 면모를
보이면서 불도저처럼 일을 추진하는 바람에 직원들과 마찰이 생겨 자
신이 주인이었던 회사에서 쫓겨나는 수모를 당하기도 했습니다. 하지
만 3D 애니메이션이라는 새로운 콘텐츠를 선보이며 더 큰 성공을 거
두는 오뚝이 같은 면모를 보여 주었지요.

그렇다면 과연 무엇이 잡스를 성공으로 이끈 것일까요? 책을 읽으
면서 다음과 같은 대화를 나눈다면 잡스의 생애를 좀 더 깊이 있게
이해하는 계기가 될 거예요.

1. 가장 기억에 남는 선생님은?

이 책에서 잡스는 모든 선생님들이 자신의 이름만 들어도 고개를 절레절레 내저었지만, 테디 힐 선생님은 자신을 어떻게 다루어야 할지 파악하고는 공부에 재미를 붙일 수 있도록 해 줬다고 이야기해요. 이 장면을 읽으면서 아이와 함께 그동안 만났던 선생님 중에서 가장 기억에 남는 선생님은 누구였는지 이야기를 나누어 보세요.

가장 기억에 남는다는 것은 좋아서일 수도 있고, 나빠서일 수도 있습니다. 그러므로 어떤 선생님이 어떤 면에서 기억에 남는지 이야기를 나누면서 아이가 그렇게 생각하는 이유에 대해 공감하는 시간을 갖습니다. 이때 주의해야 할 점은 엄마의 기준에서 선생님을 판단하는 것이 아니라, 아이가 왜 그 선생님이 기억에 남는지에 대해 이야기하는 것을 귀 기울여 들어주는 것이에요.

2. 만약에 잡스가 워즈니악을 만나지 않았다면?

스티브 워즈니악은 잡스만큼이나 전자공학에 능숙한 사람이었습니다. 둘은 함께 블루 박스도 만들고 애플 컴퓨터도 만들었지요. 만약 워즈니악을 만나지 않았다면 잡스의 인생이 어떻게 달라졌을지 상상해서 이야기 나누는 시간을 가져 보세요. 대부분은 잡스가 애플 컴퓨터를 만들지 못해 지금처럼 유명해지지 못했을 것이라는 생각에 머무릅니다. 엄마표가 힘을 발휘해야 하는 순간은 바로 이런 때이지요. 아이가 좀 더 다양하게 접근하고 마음껏 상상하고 깊이 있게 생각해 볼 수 있도록 추가로 질문을 던져 봅니다.

예를 들면 이런 식이에요.

"워즈니악 말고 전자공학에 대해 더 잘 아는 사람을 만났을 수도 있지 않을까?"

"워즈니악을 안 만났으면 스티븐 스필버그보다 더 유명한 감독이 되지 않았을까? 잡스는 애니메이션에도 관심이 많아서 〈토이 스토리〉같은 멋진 애니메이션도 만들었잖아."

3. 만약에 내가 잡스처럼 자신이 만든 회사에서 쫓겨나는 상황에 처했다면 어땠을까?

애플 컴퓨터를 세운 뒤 승승장구하던 잡스는 회사 일을 자기 마음대로 결정하는 데다가 신제품이 별다른 인기를 끌지 못하자 자신이 만든 회사에서 쫓겨나고 말아요. 하지만 좌절하지 않고 자신을 쫓아낸 회사 사람들에게 본때를 보여 주기 위해 픽사라는 회사를 사들인 뒤 애니메이션 〈토이 스토리〉를 만들어 어마어마한 성공을 거두지요. 그러자 어려움에 빠진 애플 컴퓨터는 다시 잡스를 불러들였어요. 애플 컴퓨터로 돌아간 잡스는 아이맥, 아이팟, 아이폰, 아이패드 등을 잇따라 성공시키며 가장 혁신적인 기업인으로 우뚝 섰지요.

잡스는 의지와 아이디어로 똘똘 뭉친 사람이라고 할 수 있어요. 하지만 보통 사람들은 그런 길을 걷기가 쉽지 않겠지요. 어려운 길은 피해 가고 싶고 실패하면 주저앉고 싶은 게 보통 사람들의 마음이니까요. 아이와 함께 내가 만약 내 회사에서 쫓겨나는 상황에 처했다면 어떻게 대처했을지 이야기 나눠 보세요. 멋진 대답을 말하는 것보다 솔직한 대답을 말하는 것이 중요합니다. 아이의 이야기를 들었다면, 이번에는 엄마가 그런 상황에 처했을 때 어떻게 행동할 것 같은지 솔직하게 이야기해 주세요. 즐거운 대화 시간이 될 것입니다.

 글쓰기 수업

책 대화를 통해 잡스의 생애를 이해하는 시간을 가졌다면 그다음에 해야 할 일은 잡스에 대해 본격적으로 글로 정리해 보는 것입니다. 우선 글을 써 보기 전에 아이에게 "잡스는 어떤 일을 한 사람이야?"라고 질문해 주세요. 아마 대부분의 아이들이 아이폰과 아이패드를 만든 사람, 〈토이 스토리〉를 만든 사람 정도로만 대답할 것입니다. 그런데 여러 번 강조했던 것처럼 아이폰, 아이패드, 〈토이 스토리〉를 만든 사람이라는 데에서 그치면 안 되고, 그것을 만든 의미까지 설명할 수 있어야 위인을 제대로 이해하게 됩니다.

그러므로 아이로부터 잡스에 대한 설명을 들었다면 본격적으로 글을 쓰기 전에 그가 남긴 발자취에 대해 자세히 되짚어 보는 시간을 가질 필요가 있어요. 우선 애플 컴퓨터가 어떤 의미가 있는지부터 알려주세요. 과거에는 컴퓨터가 너무 큰 데 반해 기능은 별거 없었는데, 애플 컴퓨터가 나온 이후 크기도 작아지고 기능도 다양해지면서 컴퓨터가 대중화되었고, 이때부터 PC Personal Computer의 시대가 시작되었다는 것이 중요합니다.

이해를 도울 수 있도록 인터넷을 검색하여 이미지 자료를 보여 주거나 유튜브에서 관련 영상을 찾아 보여 줘도 됩니다. 슬기로운 유튜브 생활이란 바로 이런 것입니다. 유튜브에는 유해한 영상도 많지만 학습 보조물로 쓰일 수 있는 유익한 영상도 아주 많답니다.

아이폰에 대해 설명할 때는 우선 핸드폰과 스마트폰의 차이부터 알려 주세요. 과거의 핸드폰은 전화 통화와 문자 기능밖에는 없었으나 잡스가 핸드폰에 컴퓨터 기능을 넣은 스마트폰을 만들면서 그동안 컴퓨터로 할 수 있었던 인터넷, 게임, 영화 보기, 음악 듣기, 서류 작성 같은 것을 작은 스마트폰으로 다 처리할 수 있게 되었다는 설명이 핵심이에요. 덕분에 우리는 어마어마하게 많은 정보를 쉽고 빠르게 찾아볼 수 있게 되었고, 복잡한 업무도 집이나 사무실에 앉아 편안하게 처리할 수 있게 되었어요. 모두 다 잡스 덕분이지요.

〈토이 스토리〉는 내용이 아주 재미있고 기발하지만, 기술면에서도 혁신적인 부분이 있습니다. 그 전에는 사람이 일일이 손으로 그려 애니메이션을 만들었는데 〈토이 스토리〉는 컴퓨터 그래픽으로만 완성했거든요. 사람이 아닌 컴퓨터가 애니메이션을 만드는 시대를 연 거예요. 잡스의 면모를 하나하나 살펴보면 왜 그를 21세기 가장 창의적인 인물로 손꼽는지 금세 이해가 갑니다.

1. 잡스는 어떤 사람인지 설명하기

잡스에 대한 설명이 다 끝났다면 이제 아이가 본격적으로 잡스에 대해 글을 쓸 수 있도록 해 주세요. 이렇게 다 이야기해 주면 아이가 하는 일은 뭔가 의아할 수도 있을 것 같아요. 이렇게 많은 이야기를 들려줘도 그중에서 핵심을 추려낸 뒤 간결하면서도 정확하게 정리하는 것은 난도가 매우 높은 활동이에요. 재료가 있다고 해서 누구나 맛있는 요리를 완성할 수는 없는 것처럼, 콘텐츠를 갖추고 있다고 해서 누구나 글을 잘 쓸 수 있는 것은 아니랍니다. 글쓰기는 기술이고 능력이에요.

사실 이렇게 설명을 해 줘도 아이가 막상 글을 쓸 때는 어디에서부터 시작해야 할지 몰라 여전히 막막해할 수도 있어요. 그럴 때는 질문을 통해 체계적으로 정리할 수 있도록 도와줍니다.

엄마: 잡스의 어린 시절은 어땠지?

아이: ⌇⌇⌇⌇⌇⌇⌇⌇⌇⌇⌇⌇⌇⌇⌇⌇⌇⌇⌇⌇⌇⌇⌇⌇⌇⌇⌇⌇⌇⌇⌇⌇⌇⌇⌇⌇

엄마: 잡스는 워즈니악을 만나 어떤 일들을 했을까?

아이: ⌇⌇⌇⌇⌇⌇⌇⌇⌇⌇⌇⌇⌇⌇⌇⌇⌇⌇⌇⌇⌇⌇⌇⌇⌇⌇⌇⌇⌇⌇⌇⌇⌇⌇⌇⌇

엄마: 잡스가 만든 애플 컴퓨터와 아이폰, 〈토이 스토리〉는 어떤 의미가 있을까?

아이: ⌇⌇⌇⌇⌇⌇⌇⌇⌇⌇⌇⌇⌇⌇⌇⌇⌇⌇⌇⌇⌇⌇⌇⌇⌇⌇⌇⌇⌇⌇⌇⌇⌇⌇⌇⌇

엄마: 잡스는 우리의 생활을 어떻게 바꾸어 놓았을까?

아이: ~~~~~~

예시문

스티브 잡스는 획기적인 IT 기기를 발명해서 우리의 삶을 완전히 뒤바꾼 사람입니다. 우선 잡스는 애플 컴퓨터를 만들었는데, 기존의 컴퓨터들이 매우 크고 기능이 다양하지 못했던 것에 반해 애플 컴퓨터는 크기가 매우 작아지고 기능도 다양해져서 이때부터 비로소 PC의 시대가 시작되었다고 볼 수 있습니다. 아이폰은 더욱 작아진 컴퓨터라고 할 수 있습니다. 핸드폰에 컴퓨터 기능을 추가한 스마트폰은 우리 생활을 더욱 편리하고 빠르게 변화시켰습니다.

IT 기기를 발명한 것 말고도 잡스는 픽사라는 회사를 통해〈토이 스토리〉같은 멋진 애니메이션도 만들었어요. 〈토이 스토리〉는 오로지 컴퓨터 그래픽으로만 만들어진 최초의 애니메이션인데, 사람이 그리는 것보다 훨씬 더 실제와 가까워서 놀라울 정도입니다.

이처럼 잡스는 새롭고 놀라운 기술을 우리에게 전해 준 20세기 가장 창의적인 인물입니다. 너무 크고 비싸서 아무나 사용하지 못했던 컴퓨터를 누구나 생활 필수품으로 사용하고, 핸드폰으로 음악을 듣고 영화를 보고 SNS를 할 수 있게 된 것은 모두 잡스 덕분이에요. 잡스는 우리 생활을 완전히 바꾸어 놓았어요.

2. 만약 잡스가 없었다면 세상은 어떻게 달라졌을지 상상해서 쓰기

이번에는 잡스의 업적을 생각하면서 잡스가 없었다면 지금의 세상은 어떻게 달라졌을지 상상하는 시간을 가져 봅니다. 잡스가 남긴 전반적인 업적들을 떠올리면서 잡스가 그런 것들을 만들지 않았으면 지금 우리는 어떻게 살아가고 있을지 생각해 보면 됩니다.

만약 스티브 잡스가 없었다면 지금과 같은 글로벌 시대는 없었을 것입니다. 왜냐하면 잡스가 없었다면 애플 컴퓨터도 탄생하지 못했을 테고, 그렇다면 컴퓨터가 일상생활에서 널리 쓰이지 못했을 것 같기 때문입니다. 지금과 같은 글로벌 시대는 인터넷의 발달로 시작되었다고 생각하는데, 컴퓨터가 널리 쓰이지 못했다면 인터넷도 발달할 수 없는 것이 당연합니다. 컴퓨터와 인터넷이 없었다면 스마트폰 역시 상상할 수도 없었을 테고요.

저는 스티브 잡스가 없었더라도 지금 세상과 다를 게 없을 것이라고 생각합니다. 잡스의 최고 업적은 애플 컴퓨터를 만든 것인데, 어차피 당시에는 크기가 너무 큰 컴퓨터 때문에 다들 고민하고 있었기 때문에 또 다른 천재가 애플 컴퓨터처럼 작은 컴퓨터를 만들었을 것이라고 예상됩니다. 어차피 기술은 필요에 의해 발달하기 때문에 잡스가 없었더라도 불편한 점을 개선하기 위해 다른 누군가가 그런 기술들을 발달시켰을 것입니다.

 독서록 Tip

이 책을 읽고 독서록을 쓰고 싶다면 먼저 잡스에 대한 전반적인 소개글을 쓴 뒤, 앞에서 정리한 것처럼 잡스가 없었으면 지금 세상이 어떻게 달라졌을까를 느낀 점으로 덧붙이면 됩니다. 잡스가 만든 것 중에서 가장 마음에 드는 것을 고른 뒤 그렇게 생각하는 이유를 느낀 점으로 써도 좋습니다.

에디슨과 포드는 어떤 사람일까?

『발명가의 비밀』을 읽고 글쓰기

수잔 슬레이드 글/ 제니퍼 블랙 라인하트 그림/ 이충호 옮김 | 위즈덤하우스

　잘 알다시피 토머스 에디슨은 백열전구를 만들어낸 사람이고, 헨리 포드는 포드 자동차를 만들어낸 사람이에요. 발명가라는 점 이외에는 별다른 공통점이 없어 보이는 두 사람이 실제로는 서로 돕고 응원하며 아름다운 우정을 나눈 관계였다고 해요. 예를 들어 포드가 어려움을 겪을 때마다 그보다 16살이 많은 에디슨은 따뜻한 위로와 조언을 건넸고, 에디슨연구소가 불에 탔을 때는 포드가 큰돈을 무이자로 빌려줘서 에디슨이 재기할 수 있도록 도왔다고 해요. 나이 차를 뛰어

넘은 멋진 우정이지요.

전구와 자동차는 20세기의 문명을 뒤바꾼 발명품으로 꼽힐 만큼 중요한 의미를 갖고 있습니다. 전기의 역사를 따져 봤을 때 1879년에 백열전구를 만들고, 1882년에 최초의 상업 발전소를 건설한 에디슨의 영향력은 가히 절대적입니다. '자동차의 왕'이라고 불리는 포드는 자동차 역사에 있어 당연히 빼놓을 수 없는 인물이지요. 20세기 최고의 발명품인 전구와 자동차를 대표하는 두 인물은 어떤 인생을 살았을까요? 두 위인을 이 한 권의 책에서 동시에 만날 수 있습니다.

 책 대화 나누기

이 책을 읽고 나서는 에디슨이 한 일, 포드가 한 일이 무엇인지를 알아보는 데서 그치지 말고, 그들이 한 일들이 이 세상을 어떻게 바꾸었는지를 생각해 보는 시간을 가져야 합니다. 단순히 발명왕, 자동차왕이라는 별명을 가진 사람으로 기억되기에는 그들이 이 세상에 미친 영향력이 정말 엄청나거든요. 그들의 영향력에 대해 정확하게 파악하기 위해서는 다음과 같은 질문들이 필요합니다.

1. 에디슨의 백열전구는 세상을 어떻게 바꾸었을까?

에디슨의 백열전구는 1879년 12월 3일 겨울밤을 대낮처럼 환하게 비추면서 화려하게 등장했습니다. 10시간도 못 버틸 것이라는 예상과는 달리 40시간 동안 환한 빛을 내뿜으며 드디어 백열전구 실험에 마침표를 찍었지요. 독일의 인류학자 에밀 루트비히 슈미트는 에디슨의 백열전구에 대해 "프로메테우스가 불을 건네준 후 인류는 두 번째 불을 발견했다."라고 평가했답니다.

백열전구 발명의 의미는 단순히 전기를 이용하여 밤을 환하게 밝힐 수 있는 도구가 만들어졌다는 것에서 그치지 않습니다. 전구가 발명됨으로써 밤에도 실내를 밝힐 수 있게 되었고, 그러면서 사람들이 활동하는 시간이 늘어났고, 산업과 경제가 급속도로 발전했어요. 단순히 어둠을 밝혀 준 발명품이 아니라 우리 생활 전반에 걸쳐 큰 변화를 가져온 혁명이라고 할 수 있지요. 이런 이야기들을 들려줘야 에디슨을 '발명왕'이라고만 기억하지 않고 그가 이 세상에 미친 영향력에 대해 정확히 짚어낼 수 있습니다.

2. 포드의 자동차는 세상을 어떻게 바꾸었을까?

포드 이야기에서도 포드가 자동차를 발명했다는 사실을 아는 것에 그치지 않고 포드가 발명한 자동차가 세상에 어떤 영향을 미쳤는지까지 파악해야 제대로 읽었다고 할 수 있어요. 사실 가솔린 엔진 자동차를 최초로 발명한 사람은 포드가 아닌 카를 벤츠입니다. 벤츠 자동차의 그 벤츠가 맞습니다. 자신의 성을 따서 자동차 회사 이름을 메르세데스 벤츠라고 지었거든요.

포드는 벤츠에 비해 후발 주자였지만, 근대 대량 생산 방식을 도입하여 자동차의 대중화에 성공했다는 점에서 극찬을 받고 있는 인물이에요. 이 책에도 포드는 성능이 좋으면서도 누구나 살 수 있을 만큼 값싼 자동차를 만들기 위해 계속 노력하는 모습이 나옵니다. 그러다가 바로 모델 T를 통해 그 꿈을 이루었지요. 포드의 모델 T로 자동차의 대중화가 이루어지면서 자동차가 사치품이 아닌 필수품으로 자리 잡을 수 있었습니다.

3. 에디슨이 포드에게 알려 준 발명가의 비밀은 무엇이었을까?

포드는 자동차를 만들겠다는 계획을 세웠지만 그 계획은 수월하게 이뤄지지 않았습니다. 비슷한 시기에 백열전구를 선보인 에디슨은 사람들의 열렬한 반응을 이끌어내고 있었지요. 포드는 에디슨의 성공 비결이 궁금해서 디트로이트에서 기차를 타고 1천 킬로미터나 떨어진 뉴욕으로 건너가 어렵게 에디슨을 만났습니다. 그러고는 에디슨으로부터 "포기하지 말고 계속 밀고 나가세요!"라는 대답을 얻습니다. 바로 그것이 발명가의 비밀이었지요. 에디슨이 백열전구를 만들 때도 수천 번이나 설계를 바꿔야 했지만 포기하지 않고 계속 밀고 나갔기 때문에 성공할 수 있었다는 사실을 떠올리며, 포드 역시 힘든 상황에 처해도 포기하지 않고 계속 밀고 나갔답니다.

포기하지 않고 계속 밀고 나가는 것이 발명가에게는 왜 중요할까요? 아이와 함께 이야기를 나누며 아이의 생각에 귀를 기울여 보세요.

글쓰기 수업

책 대화가 끝났다면 본격적으로 이 세상을 뒤비끈 발명품을 선보인 두 위인의 이야기를 글로 써 봅니다. 책 대화를 통해 두 위인에 대해 깊이 있게 이해를 했기 때문에 글로 설명하는 데 그다지 어려움을 겪지 않을 것입니다. 하지만 만약 아이가 선뜻 글로 정리하지 못한다면 몇몇의 질문을 건네면서 위인의 업적과 역할을 말로 먼저 정리해 보는 시간을 갖는 것이 좋아요.

1. 에디슨은 어떤 사람인지 설명하기

먼저 에디슨이 보통 사람들과 어떤 점이 달랐는지를 언급하면서 에디슨의 업적과 에디슨이 이 세상에 미친 영향력에 대해 자연스럽게 연결하여 정리하면 됩니다.

엄마: 에디슨의 어린 시절은 어땠지?

아이: _____

엄마: 에디슨이 만든 발명품은 어떤 것들이 있고, 그것들을 왜 만들었을까?

아이: _____

엄마: 에디슨의 가장 큰 업적이 무엇이라고 생각해?

아이: _____

(먼저 아이의 생각을 들어준 뒤, 그 생각에 공감해 주면서 세상 사람들이

평가하는 에디슨의 가장 큰 업적은 백열전구를 발명한 것임을 알려 주세요.)

엄마: 만약 에디슨이 백열전구를 발명하지 않았으면 지금 이 세상은 어떻게 달라졌을까?

아이: ＿＿＿＿＿＿＿＿＿＿＿＿＿＿＿＿＿＿＿＿＿＿＿

이와 같은 질문으로 에디슨의 업적에 대해 다시 한번 상기시킨 뒤 글로 정리해 보면 더욱 알찬 결과물을 만들 수 있습니다. 매번 글을 쓸 때마다 이렇게 해 줘야 하는지, 이렇게 도움을 주면 오히려 혼자서는 글을 쓰지 못하는 건 아닌지 걱정하지 않으셔도 됩니다. 이와 같은 과정을 몇 번 반복하다 보면 아이들은 이런 종류의 글을 쓸 때 어떤 내용을 어떤 순서로 쓰는 것이 적당한지 파악하게 되고, 그러면 더 이상 조력자의 도움 없이도 알아서 척척 잘 쓰게 됩니다.

예시문

토머스 에디슨은 어렸을 때부터 호기심이 많았는데, 그중에서도 전기에 관심이 많았습니다. 그래서 에디슨의 발명품 중에는 전기 제품들이 대부분이에요. 에디슨의 대표적인 발명품이라고 할 수 있는 전기 펜, 축음기, 백열전구 등은 모두 우리 생활을 편리하게 해 주는 전기 제품이었습니다. 에디슨이 받은 1,093개의 특허 중에서 가장 첫 번째도 '전기 투표 기록기'라는 전기 제품이었어요.

에디슨의 가장 큰 업적은 뭐니 뭐니 해도 백열전구를 만들었다

는 점입니다. 독일의 인류학자 에밀 루트비히 슈미트는 에디슨
외 배열전구에 대해 "프로메테우스가 불을 건네준 후 인류는
두 번째 불을 발견했다."라고 할 정도로 백열전구를 높이 평가
했지요. 백열전구 덕분에 밤에도 실내를 밝힐 수 있게 되어 사
람들은 더 많이 공부하고 더 많이 일할 수 있게 되었어요. 이것
은 산업의 발달로 이어졌고요. 지금 우리가 편리하고 풍요롭게
살아갈 수 있는 것은 에디슨의 백열전구에서부터 시작되었다
고 할 수 있어요.

2. 포드는 어떤 사람인지 설명하기

앞에서도 이야기했던 것처럼 가솔린 엔진 자동차를 최초로 발명한
사람은 포드가 아니었습니다. 현재의 자동차 형태를 최초로 발명한
사람이 아니었음에도 '자동차 왕'이라고 불리는 이유가 명확하게 드러
나도록 써야만 포드에 대해 정확하게 설명했다고 평가받을 수 있어
요. 다음과 같은 질문들을 통해 아이가 포드의 업적에 대해 깊이 있
게 생각해 볼 수 있는 시간을 마련해 주세요.

엄마: 포드의 어린 시절은 어땠지?

아이: _____

엄마: 포드는 자동차를 만들기 위해 어떤 노력을 기울였지?

아이: _____

엄마: 포드는 왜 값싼 자동차를 만들기 위해 노력했을까?

아이: _____

엄마: 만약 포드가 자동차의 대중화에 성공하지 못했다면 지금 이
세상은 어떻게 달라졌을까?

아이: _____

이처럼 생각을 말로 표현한 뒤 글로 쓰기 시작하면 시간이 더 걸릴
것 같지만, 실제로는 시간을 더 절약할 수 있습니다. 생각을 한 번 정
리하고 쓰기 시작하기 때문에 아이가 무엇을 어떻게 써야 할지 우왕
좌왕하는 시간을 대폭 줄일 수 있거든요.

예시문

헨리 포드는 어렸을 때부터 어떤 일이 왜 그렇게 일어
나는지 꼭 알아야만 했기 때문에 실험을 아주 많이 했
습니다. 그중에서 엔진에 가장 관심이 많아서 직접 증기 기관
을 만들어 실험을 하다가 증기 기관이 폭발하는 사고를 겪기도
했어요. 그러다가 어느 날 엔진의 힘으로 달리는 기관차를 보
게 되었고, 그때부터 차를 만들겠다는 계획을 세우게 되었습니
다. 처음에는 엔진과 기계에 대해 많은 것을 배우기 위해 기계
조립 공장과 엔진 공장에서 일하다가 본격적으로 가솔린 자동
차를 만들기 시작했어요. 포드의 목표는 성능이 우수하면서 가
격이 저렴해서 모든 사람들이 탈 수 있는 자동차를 만드는 것이

었어요. 모델 A, B, C, F, K, N을 선보였지만 만족하지 못하다가 비로소 모델 T를 통해 목표를 달성할 수 있었어요.

포드가 자동차의 대중화에 성공함으로써 지금 우리는 누구나 자동차를 이용할 수 있게 되었어요. 만약 포드가 없었다면 아직까지 부자들만 비싼 자동차를 타고 다닐 수 있었을지도 몰라요.

독서록 Tip

이 책을 읽고 독서록을 쓰고 싶다면 에디슨과 포드가 어떤 사람인지 각각 소개한 뒤, 두 사람이 어떻게 만나 어떤 인연을 나누었는지를 정리하면 됩니다. 두 사람의 인연 안에는 에디슨이 포드에게 건넨 "포기하지 말고 계속 밀고 나가세요!"라는 말이 포드의 인생에 어떤 영향을 미쳤는지가 포함되어야 합니다. 그런 마음가짐이 발명가들에게 왜 필요한지까지 설명한다면 더욱더 수준 높은 독서록을 완성할 수 있습니다.

아인슈타인은 어떤 사람일까?

『나는 아인슈타인이야!』을 읽고 글쓰기

브래드 멜처 글 / 크리스토퍼 엘리오풀로스 그림 / 마술연필 옮김 | 보물창고

알베르트 아인슈타인은 그 누구보다 우리에게 잘 알려진 과학자입니다. 헝클어진 머리에 혀를 날름 내밀고 있는 모습은 근엄한 과학자가 아니라 괴짜 할아버지 같은 느낌으로 다가오지요. 그 유명한 사진 덕분에 아인슈타인은 아이들에게도 매우 친숙한 인물이에요.

하지만 대부분의 아이들이 아인슈타인을 '똑똑한 과학자' 정도로만 알고 있어요. 그가 어떤 일을 했는지에 대해서는 간단한 소개조차 하지 못합니다. 예를 들어 뉴턴이라고 하면 중력, 에디슨이라고 하면 전구 정도는 떠올리는데, 아인슈타인은 대표적인 키워드조차 떠올리지 못하고 그냥 똑똑하고 머리 좋은 과학자 정도로만 설명합니다.

그래서 아인슈타인에 대해 한 번 정확하게 짚고 넘어갈 필요가 있는데, 아인슈타인이 발표한 이론들은 너무 복잡하고 어려운 것이라서 어른들에게도 난해한 수준이에요. 하지만 상세한 부분까지는 접근하지 못하더라도 어떤 일을 해낸 위인인지 정도는 설명할 수 있어야 하니 한번 도전해 보도록 해요.

 책 대화 나누기

『나는 아인슈타인이야!』는 아인슈타인의 업적보다는 아인슈타인의 전반적인 생애나 가치관에 더 많은 초점이 맞춰져 있습니다. 아직 아인슈타인에 대해 잘 모르는 아이들에게는 아인슈타인이 누구인지부터 알려 주는 것이 우선이기 때문이에요.

만약 이 책을 읽고 나서 아인슈타인의 업적에 대해 더 많은 것을 알고 싶다면 좀 더 높은 수준의 읽기책을 골라 읽은 뒤 다시 한번 책 대화를 나눠 보세요. 인물이나 과학, 역사와 관련된 내용들은 학습만화를 이용해 보는 것도 권장할 만해요. 이와 같은 논픽션들은 워낙 어렵고 복잡한 내용을 담고 있어서 학습만화를 이용하면 아이가 좀 더 쉽고 편안하게 이해할 수 있어요.

1. 아인슈타인의 '나침반'처럼 엄마 아빠로부터 받은 선물 중 가장 기억에 남는 것은?

이 책에서 아인슈타인은 아버지로부터 나침반을 선물 받았던 것을 어린 시절 가장 중요한 순간으로 꼽았습니다. 나침반을 어느 위치에 놓든 바늘이 북쪽을 가리키는 것을 보고는 우리가 사는 지구와 하늘의 별들은 눈에 보이지 않는 무언가에 의해 움직이고 있다는 사실을 깨닫는 계기가 되었거든요. 아버지의 작은 선물이 아인슈타인을 우주의 법칙으로 이끌었습니다.

이 부분을 읽으면서 아이와 함께 엄마와 아빠로부터 받았던 여러 가지 선물 중에 가장 소중했던 선물이 무엇이었는지 이야기 나누어 보세요. 아이와의 대화 속에서 아이의 관심사나 소질을 발견할 수 있을지도 몰라요.

2. 아인슈타인은 이 세상에 어떤 업적을 남겼을까?

이 책에서는 아인슈타인의 업적에 대해 자세한 설명은 나오지 않지만, 엄마표 수업에서는 그 부분을 짚고 넘어가야 합니다. 그래야 아인슈타인이 어떤 사람인지를 자세히 정리할 수 있을 테니까요. 책에서 상대성 이론에 대해 언급하는 부분이 등장하면 아이에게 상대성 이론이 무엇인지 설명해 주는 시간을 가져 보세요.

하지만 앞에서도 언급했다시피 아인슈타인의 이론은 너무나도 복잡하고 어려워서 아이들이 이해하기 어렵습니다. 최대한 쉽게, 아이의 눈높이에 맞춰 설명을 해 줘야 해요. 상대성 이론은 운동 속도에 따라 관찰자가 시간과 공간을 상대적으로 다르게 느낀다는 이론이에요. 아인슈타인은 상대성 이론을 설명하기 위해 '아름다운 여자의 마음에 들려고 노력할 때는 1시간이 마치 1초처럼 흘러간다. 그러나 뜨거운 난로 위에 앉아 있을 때는 1초가 마치 1시간처럼 느껴진다. 이것이 바로 상대성이다.'라고 설명하기도 했지요. 그 전까지만 해도 뉴턴에 의해 시간과 공간은 서로 분리되어 있고 절대적인 것이라고 믿어 왔는데, 아인슈타인에 의해 시간과 공간은 절대적이지 않고 그것을 관찰하는 사람에 따라 상대적으로 느껴진다는 사실이 밝혀졌어요.

그 과정에서 아인슈타인은 $E = mc^2$이라는 공식을 만들어냈어요. 여기에서 E는 에너지를 나타내고, m은 질량, c는 빛의 속도를 나타냅니다. 그런데 빛의 속도는 늘 변함이 없잖아요. 그래서 결국 어떤 물질의 에너지는 질량에 의해 결정된다는 사실을 알 수 있는 공식이에요. 그런데 만약 물질을 이루고 있는 에너지가 조금이라도 풀려난다면 그것은 핵분열로 이어져 엄청난 파괴력을 지닙니다. 이 공식을 이용해서 만들어진 것이 바로 핵폭탄이에요. 결국 아인슈타인의 $E = mc^2$이라는 공식에 의해 핵폭탄이 만들어졌어요.

이 책에는 등장하지 않지만 추가로 광전효과에 대해서도 알려 주면 좋습니다. 실제로 아인슈타인이 노벨 물리학상을 받은 것은 상대성 이론이 아니라 광전효과를 발견한 덕분이거든요. 광전효과는 금속에 빛을 쪼이면 빛을 이루고 있는 광자가 금속을 이루고 있는 전자와 충돌을 하면서 에너지를 얻게 된다는 이론으로, 현재 많이 활용되고 있는 태양광 발전이 바로 광전효과를 활용한 사례랍니다.

3. 이 세상에 벌어지고 있는 일들 중에서 신기하거나 이상하다고 생각하는 점은?

이 책의 막바지에 이르면 아인슈타인이 독자들에게 호기심의 중요성에 대해 이야기를 들려줘요. 모두가 진실이라고 믿는 것들에 대해 왜?라는 질문을 던지고, 그 답을 찾기 위해 생각에 생각을 이어간다면 지금껏 아무도 가 보지 못한 곳으로 갈 수 있다고 용기를 북돋아 주지요.

아인슈타인이 호기심에 대해 조언하는 페이지에 다다르면 아이와 함께 지금 가장 궁금해하는 부분에 대해 이야기를 나누는 시간을 가져 보세요. 좀 엉뚱한 질문이어도 아이가 그것을 궁금해하는 이유를 물어보면서 아이의 궁금증을 해결할 수 있는 과정을 거쳐 보는 거예요. 아인슈타인이 알려 준 대로 아이가 호기심을 마음껏 발산하는 경험을 하는 시간이기도 하지만, 아인슈타인의 면모를 이해하기 위한 시간이기도 합니다. 위인의 이야기를 통해 우리가 챙겨야 할 점은 그 위인의 업적을 아는 것뿐만 아니라, 그 위인의 어떤 면모가 성공에 이르게 했는지를 배우는 일이에요.

하지만 배우는 데서 그치면 아무 소용이 없겠지요. 실천을 해야 재산이 됩니다. 아인슈타인을 성공으로 이끌었던 호기심! 우리 아이들에게도 호기심을 발산하고 해결할 수 있는 시간을 만들어 주세요.

 글쓰기 수업

아인슈타인에 대한 책을 읽었다면 당연히 아인슈타인이 어떤 사람인지에 대해 설명할 수 있어야 합니다. 책을 통해 아인슈타인의 전반적인 생애에 대해 이해한 데다가 책 대화를 통해 아인슈타인의 업적에 대해 이해했으니 어렵지 않게 정리할 수 있을 것입니다.

1. 아인슈타인은 어떤 사람인지 설명하기

아이가 독서와 책 대화를 통해 아인슈타인에 대해 잘 이해했는지 알아보기 위해 "아인슈타인은 어떤 사람이야?"라고 물어보고 아이가 들려주는 이야기에 귀를 기울여 주세요. 아이가 핵심을 놓치지 않고 정확하게 이야기한다면 그대로 글을 쓰도록 하면 됩니다. 하지만 여전히 아인슈타인에 대해 설명하는 것을 어려워한다면 다시 한번 내용을 상기시킬 수 있도록 몇몇의 질문을 던져 주세요.

엄마: 아인슈타인의 어린 시절은 어땠지?

아이: _____

엄마: 아인슈타인은 왜 아버지가 선물한 나침반을 좋아했을까?

아이: _____

엄마: 아인슈타인의 상대성 이론은 무엇이 특별했을까?

아이: _____

엄마: 아인슈타인이 왜 위대한 과학자라고 생각해?

아이: _____

이 네 가지 질문만으로도 아인슈타인을 설명하는 데 필요한 재료를
충분히 모을 수 있어요.

예시문

아인슈타인은 3세가 될 때까지 말을 하지 못했고, 다른
사람과 함께 어울리기보다 혼자 놀기를 좋아하는 등
평범한 아이들과는 다른 모습을 보였어요. 그러다가 5~6세쯤
에 아버지에게 나침반 선물을 받은 뒤 이 세상은 보이지 않는
힘에 의해 움직인다는 사실을 깨닫고는 우주를 움직이는 힘에
대해 호기심을 품기 시작했습니다.

어른이 된 뒤 마침내 상대성 이론을 발표하여 운동 속도에 따라
관찰자가 시간과 공간을 상대적으로 다르게 느낀다는 사실을
알렸어요. 그 전까지만 해도 시간과 공간은 서로 분리되어 있
고 절대적인 것이라는 뉴턴의 주장을 믿어 왔던 터라 상대성 이
론은 세상을 깜짝 놀라게 했습니다. 또 상대성 이론은 $E=mc^2$이
라는 공식으로 이어졌고, 이 공식은 물질 안에 어마어마한 에
너지가 들어 있다는 사실을 밝히면서 핵폭탄이 만들어지는 계

기가 되었어요. 상대성 이론과 $E=mc^2$이라는 공식으로 아인슈
타인은 역사상 가장 똑똑한 과학자로 손꼽히게 되었어요.

2. 아인슈타인으로부터 배우고 싶은 점 쓰기

우리가 아인슈타인에 대해 이야기할 때 물리학 측면의 업적만큼이
나 입에 많이 오르내리는 것이 바로 그가 남긴 명언들이에요. '인생은
자전거를 타는 것과 같다. 균형을 잡으려면 움직여야 한다.' '한 번도
실수를 해 보지 않은 사람은 한 번도 새로운 것을 시도한 적이 없는
사람이다.' '지식보다 중요한 것은 상상력이다.' '나는 똑똑한 것이 아
니라 단지 더 오래 고민할 뿐이다.'와 같은 명언들이 길이길이 사람들
입에 오르내리고 있습니다. 아인슈타인의 명언이 이론만큼이나 사람
들 입에 많이 오르내리는 것은 그의 삶 자체가 자신이 남긴 명언들을
고스란히 증명해 줬기 때문이 아닐까요?

그런 의미에서 아인슈타인의 인생에서 꼭 배우고 싶은 점 한 가지
를 골라 써 보는 시간을 가져 볼게요. 이 문제의 조건은 '딱 한 가지'
만을 골라 써 보라는 것입니다. 보통 이런 문제가 제시되면 아이들은
여러 가지를 쓰려고 합니다. 여러 가지를 나열하다 보면 칸이 적당히
다 채워지거든요.

글쓰기 연습을 할 때는 한 가지에 초점을 맞춰 그렇게 생각하는 이
유를 깊이 있게 쓰는 것이 좋습니다. 그래야 내용에 있어서도 훨씬 짜
임새를 갖출 수 있을 뿐만 아니라, 창의적으로 기억을 조합하는 과정

을 더 밀도감 있게 해야 해서 그 능력을 더욱 발달시킬 수 있어요.

나쁜 예 _ 저는 아인슈타인의 호기심을 본받고 싶습니다. 또 끈기도요. 상대성 이론이라는 어려운 연구를 해서 유명한 과학자가 된 것이 대단하게 느껴져요. 저도 아인슈타인처럼 똑똑한 사람이 되기 위해 공부를 열심히 할 것입니다.

좋은 예 _ 저는 아인슈타인이 어려운 환경 속에서도 꿈을 포기하지 않고 자신의 연구를 꾸준히 이어 나간 의지를 본받고 싶습니다. 아인슈타인이 가장 똑똑한 과학자로 꼽히는 이유가 단지 좋은 머리를 타고났기 때문이 아니라 자신의 궁금증을 해결하고자 하는 의지가 누구보다 강했기 때문이라는 생각이 들었거든요. 누구나 꿈은 있지만 그 꿈을 이루기 위해서는 포기하지 않고 계속 도전해야 한다는 사실을 아인슈타인을 통해 깨닫게 되었어요.

독서록 Tip

먼저 아인슈타인에 대해 소개한 다음, 아인슈타인으로부터 본받고 싶은 점을 이어서 쓰면 됩니다. 앞에서 한 번 정리했던 내용이기 때문에 어렵지 않게 쓸 수 있을 거예요

간디는 어떤 사람일까?

『마하트마 간디』를 읽고 글쓰기

마리아 이사벨 산체스 베가라 글/ 알베르트 아라야스 그림/ 박소연 옮김 | 달리

흔히들 간디에 대해 비폭력·불복종 운동으로 인도의 독립을 이끈 위인 정도로만 알고 있지만, 전 세계적으로 간디는 역사상 가장 위대한 리더로 꼽히는 중요한 인물입니다. 사실 간디가 인도의 독립운동을 전개할 때는 영국은 세계 최고의 강대국이었고 인도는 힘없는 약소국이었어요. 힘없고 가난한 나라가 세계에서 가장 강력한 힘을 가진 영국에 저항하는 방식이 비폭력·불복종 운동이었다니, 이것은 참 놀랍고 대단한 일이 아닐 수 없습니다. 보통 약소국에서 강대국에 저

항할 때는 폭동이나 혁명과 같은 폭력적인 상황이 발생하잖아요. 그런 면에서 진실하고 평화로운 방법으로 인도 국민을 이끌었던 간디의 리더십에 박수를 보낼 수밖에 없어요.

가장 평화로운 방법으로 가장 강력한 힘을 가졌던 영국에 저항했던 간디의 리더십을 통해 리더가 갖추어야 할 면모에 대해 생각해 보는 시간을 가질 수 있어요.

 책 대화 나누기

이 책을 통해 간디의 삶을 들여다보면 참 파란만장하다는 생각이 듭니다. 열세 살 철부지 때 결혼해서 영국으로 유학간 뒤 변호사 자격증을 땄지만 소심한 성격 탓에 변호사 일을 하지 못했던 간디! 어쩔 수 없이 일자리를 찾아 남아프리카로 떠났다가 그곳에서 차별을 당하는 인도인들을 보고는 자연스럽게 독립운동가의 길로 들어섰던 간디! 독립운동을 하는 내내 수없이 투옥되면서도 비폭력·불복종 운동을 포기하지 않다가 결국에는 암살을 당한 간디!

이런 파란만장한 삶에 대해서도 책 대화를 나누면 좋겠지만, 역사상 가장 특별한 방식으로 독립운동을 전개한 리더인 만큼 리더로서의 면모에 대해 책 대화를 나누면 간디가 남긴 족적에 대해 더욱 가까이 다가갈 수 있어요.

1. 가장 평화적인 리더가 간디였다면 가장 파괴적인 리더는 누구였을까?

간디의 가장 큰 업적이라고 하면 1차 세계대전과 2차 세계대전이라는 가장 폭력적인 시대에 가장 비폭력적인 방법으로 인도의 독립을 이끌었다는 점을 들 수가 있어요. 간디가 가장 평화적인 리더였다면, 반대로 가장 파괴적인 리더도 분명히 존재할 거예요. 예를 들면 히틀러나 스탈린을 파괴적인 리더라고 할 수 있겠지요. 만약 아이가 실존했던 인물 중에 파괴적인 리더를 찾기 어려워한다면 영화나 책에서 보았던 가상의 인물 중에서 찾아보는 것도 괜찮습니다. 아이들에게 익숙한 마블의 영화나 디즈니의 애니메이션에 등장하는 캐릭터를 통해 파괴적인 리더의 모습을 떠올려 보면 됩니다. 책 대화는 아이의 눈높이에서 이루어지는 것이 가장 효과적입니다.

2. 간디는 왜 직접 물레질을 하고 소금 행진에 앞장섰을까?

리더라면 주변에 따르는 추종자들이 많이 있을 테고, 힘든 일들은 추종자들에게 지시해서 처리할 수도 있었을 것입니다. 하지만 간디는 인도 국민들에게 영국에서 수입되는 옷감과 옷을 사지 말자고 말하면서 직접 물레를 돌려서 실을 자아 옷을 만들었어요. 또 영국이 소금법을 만들어 인도 사람들이 직접 소금을 만들어 먹지 못하게 하자 소금법에 항의하기 위해 수만 명의 인도 사람들을 이끌고 3주 동안 바닷가를 향해 걸었지요. 간디는 왜 이렇게 직접 실천적인 모습을 보인 것일까요? 아이와 함께 이야기를 나누어 보세요.

3. 우리나라에서도 비폭력 운동이 일어났던 적이 있을까?

우리나라도 일제 강점기 때 '조선 물산 장려 운동'이라는 비폭력 운동이 전개된 적이 있어요. 인도에서 영국으로부터 수입되는 옷감을 사용하지 않기 위해 물레질을 해서 직접 옷을 만들어 입었던 것처럼 우리나라에서도 조선 물산 장려 운동을 통해 조선에서 생산되는 제품과 음식을 사용하자는 운동을 펼쳐 나갔지요. 우리나라의 조선 물산 장려 운동은 인도 비폭력 운동의 영향을 받아 시작되었다고 보는 시각이 지배적이에요.

 글쓰기 수업

이제 본격적으로 간디가 어떤 사람인지 글로 정리하는 시간을 가져 볼 거예요. 간디가 인도 독립운동의 아버지가 되기 이전까지는 간략하면서도 핵심적으로 정리한 뒤, 이어서 독립운동의 아버지가 되면서 어떤 방법으로 독립운동을 전개해 나갔는지를 자세히 언급하며 간디의 리더십이 부각될 수 있도록 마무리하면 됩니다.

1. 간디는 어떤 사람인지 설명하기

잡스를 떠올리면 아이폰, 에디슨을 떠올리면 백열전구, 포드를 떠올리면 포드 자동차, 아인슈타인을 떠올리면 상대성 이론이 딱 떠올라요. 하지만 간디는 어떤 물건이나 이론으로 표현할 수 있는 대표적인 업적이 있는 것이 아니라 인도 독립운동 과정에서 드러난 리더십이 훌륭했던 사람이기 때문에 아직 어린아이가 그것을 설명하기 쉽지 않을 수도 있습니다. 그러므로 다음과 같은 질문으로 중요한 핵심을 놓치지 않고 정리할 수 있도록 도와주세요.

엄마: 간디가 태어났을 때 인도는 어떤 상황이었을까?

아이: _____

엄마: 간디는 원래 어떤 성격을 가진 사람이었어?

아이: _____

엄마: 그런데 어쩌다가 독립운동의 길을 걷게 되었을까?

아이: _____

엄마: 간디는 어떤 방법을 통해 인도의 독립운동을 이끌었지?

아이: _____

엄마: 결국 간디가 주도한 비폭력 독립운동은 성공했을까?

아이: _____

질문과 대답을 통해 중요한 핵심을 파악했다면 그 내용을 잊어버리기 전에 간디가 어떤 일을 한 사람인지 바로 써 보도록 해 주세요.

예시문

간디가 태어났을 때 인도는 영국의 식민지였어요. 어렸을 때부터 겁이 많고 예민한 데다가 수줍음을 많이 탔던 간디는 영국 런던으로 유학을 가서 변호사 자격증을 딴 이후에도 사람들 앞에서 말하는 것이 부끄러워 변호사 일을 하지 못했습니다. 결국 일자리를 찾기 위해 남아프리카까지 가게 되었는데, 그곳에서 차별을 당하는 인도 사람들을 보고는 인도 사람들을 차별하는 법을 고치기 위해 싸우기 시작했습니다.

인도로 다시 돌아온 뒤에는 영국으로부터 나라를 되찾기 위해 독립운동을 펼쳐 나갔어요. 간디의 독립운동은 폭력을 쓰지 않는 평화적인 방식으로 이루어졌지요. 처음에는 인도 내에서도 비폭력 운동에 반대하는 사람들도 많았고, 영국에 맞서 싸우다가 감옥에도 자주 갔지만 마침내 인도 사람들의 마음을 하나로 모아 영국으로부터 독립하는 데 성공했습니다. 지금도 인도 사람들은 간디를 '마하트마(위대한 영혼)'라고 부르며 존경하고 있어요.

2. 독립 후 분열된 인도를 바라봐야 했던 간디의 심정 헤아려서 쓰기

오랜 시간 인도의 독립을 위해 투쟁했던 간디는 마침내 인도가 영국으로부터 독립하는 순간을 맞이할 수 있었습니다. 하지만 안타깝게도 인도는 힌두교를 믿는 인도와 이슬람교를 믿는 파키스탄으로 분열되고 말았어요. 어렵게 독립을 이룬 인도가 다시 두 나라로 분열되는 것을 보면서 간디는 어떤 생각이 들었을까요? 우리나라도 일본으로부터 독립한 뒤 남한과 북한으로 분열되었는데, 우리나라의 독립운동을 이끌었던 백범 김구가 그 모습을 지켜봐야 했던 심정과 비교해서 쓰면 더 멋진 글이 완성될 듯합니다.

예시문 　비폭력 투쟁으로 어렵게 독립의 꿈을 이루었는데, 인도가 다시 힌두교와 이슬람교를 믿는 사람들의 나라로 분열되는 모습을 지켜봐야 했던 간디의 마음은 정말 답답하고 속상했을 것 같아요. 그동안 많은 사람들이 희생되었고, 간디 역시 여러 번 감옥에 다녀오면서까지 바라고 바라던 독립이었잖아요. 아마 나라가 둘로 찢어지듯이 마음도 찢어지는 듯한 느낌을 받았을 것입니다.

우리나라의 독립운동 지도자였던 김구도 독립 후 우리나라가 남한과 북한으로 분단되는 상황을 맞이했는데, 아마도 두 사람의 마음이 똑같지 않았을까요? 독립을 이룬 뒤 다같이 마음을 모아 강한 나라를 만들어갔으면 좋았을 텐데 참 안타깝습니다.

독서록 Tip

이 책을 읽고 독서록을 쓰고 싶다면 먼저 간디에 대해 소개한 다음, 앞에서 정리한 대로 독립 후 분열된 인도의 모습을 보며 안타까워했을 간디의 심정을 헤아려 써 보면 됩니다. 간디에 대해 소개한 다음 간디에게서 배우고 싶은 부분을 느낀 점으로 써도 좋습니다.

갈릴레이는 어떤 사람일까?

『갈릴레오 갈릴레이』를 읽고 글쓰기

피터 시스 글·그림/ 백상현 옮김 | 시공주니어

갈릴레오 갈릴레이 역시 우리에게 매우 익숙한 이름이지만, 아이들은 갈릴레이가 정확히 어떤 일을 한 사람인지 잘 알지 못하는 경우가 많습니다. 갈릴레이 위인전을 아주 잘 읽은 아이 중에 '망원경을 만든 사람'이라고 설명하기도 하지만, 갈릴레이가 만든 그 망원경이 어떤 역할을 했는지까지는 이해하지 못하는 것 같아요.

만약 아이가 한자를 배우고 있다면 망원경의 뜻을 한자로 풀어 설명해 주세요. 갈릴레이를 이해하는 데 도움이 될 뿐만 아니라, 이런 과정을 통해 많은 한글의 어휘들이 한자로 이루어졌다는 사실을 인지하게 되어 한자 공부에도 도움이 될 것입니다. 뿐만 아니라 갈릴레이 이야기에는 '천동설'이나 '지동설' 같은 어려운 어휘가 자주 등장하는데, 이것 역시 한자를 이용해 설명해 주면 아이들이 헷갈리지 않고 좀 더 쉽게 이해할 수 있어요. 하늘 천(天), 땅 지(地), 움직일 동(動)만 알면 가능합니다.

 책 대화 나누기

이 책은 갈릴레이의 생애와 업적에 대해 균형감 있게 잘 전달하고 있습니다. 본문의 내용뿐만 아니라 구불구불 휘어진 형태로 글을 써 내려간 내용이나 그림 테두리 부분에 써넣은 내용도 읽을거리가 많아요. 이런 부분까지 놓치지 않고 읽으면 갈릴레이에 대해 더 깊이 있게 이해할 수 있어요.

갈릴레이 책을 읽으며 이런 대화를 나눠 보면 좋겠습니다.

1. 갈릴레이의 대표적인 저서는 어떤 내용을 담고 있을까?

발명가들이 발명품으로 업적을 평가받는다면 갈릴레이와 같은 학자들은 저서로 평가를 받습니다. 그런데 발명가들의 발명품은 잘 알려져 있는데 학자들의 저서는 잘 알려져 있지 않은 편이에요. 아이들도 학자들의 저서는 잘 알지 못하는 편이고요. 저서의 주요 내용과 특징만 알아도 그 위인에 대해 정확하게 설명할 수 있답니다.

갈릴레이는 두 권의 유명한 저서를 가지고 있습니다. 이 책에서는 『별 세계의 전령』이라고 소개하고 있는데, 우리에게는 보통 『별의 전령』이라는 제목으로 알려져 있어요. 『별의 전령』은 1610년 3월 갈릴레오 갈릴레이가 파도바대학교 교수로 재직하고 있을 때 출간했는데, 자신이 만든 망원경으로 관측한 천문학적 발견을 기록한 책이에요.

또 하나는 1632년에 쓴 『두 가지 주요 우주 체계에 대한 대화』입니다. 이 책에는 세 사람이 등장하는데 한 명은 사회자 역할을 하는 보통 사람, 한 명은 갈릴레이의 입장을 대변하여 지동설을 옹호하는 사람, 한 명은 아리스토텔레스의 입장을 대변하여 천동설을 옹호하는 사람이에요. 천동설을 옹호하는 사람은 시종일관 어리석은 모습으로 묘사되고 있어요. 이 책의 서문에 '천동설과 지동설 중 어느 것이 맞는지는 신만이 아시며 나는 이 두 이론을 공평하게 다루겠다.'라고 썼지만 누가 봐도 한쪽으로 기울어진 내용이었답니다.

이 책이 출간된 해가 1632년이고 갈릴레이의 재판이 시작된 해가 1632년이니, 이 책이 갈릴레이의 운명에 크나큰 영향을 끼친 건 분명해 보입니다.

2. 갈릴레이의 망원경은 세상을 어떻게 바꾸었을까?

갈릴레이는 1609년 기존보다 성능이 뛰어난 망원경을 만들어서 천체 연구에 적극 활용했어요. 망원경을 이용해 목성 주위에 존재하는

4개의 위성뿐만 아니라 태양의 흑점과 금성의 상, 토성의 띠, 달 표면의 언덕과 계곡 등을 발견하는 데 성공했지요.

갈릴레이가 망원경을 통해 직접 우주의 천체들을 관찰하고 해석하기 전까지만 해도 사람들은 머릿속으로 추측하기만 했어요. 갈릴레이의 망원경은 사람들이 품고 있던 의문들을 시원스럽게 해소해 주는 역할을 했지요. 갈릴레이가 망원경을 만들 무렵은 코페르니쿠스가 2천년 전부터 당연시 되던 천동설에 의심을 품고 있던 상황이었거든요. 갈릴레이는 망원경을 통해 지구가 태양 주위를 돌고 있다는 지동설이 맞다는 사실을 증명해 보였어요.

3. 내가 갈릴레이였다면 재판에서 어떤 선택을 했을까?

이 책에는 자세히 이야기하지 않지만 갈릴레이는 재판을 받을 때 고문과 화형의 위협을 받았으며, 그것을 피하기 위해 지동설을 지지했던 자신의 주장을 철회했다는 사실은 우리에게 잘 알려진 일화입니다. 그때 갈릴레이가 "그래도 지구는 돈다."라고 말했다고 하는데, 그것은 정확하게 확인된 내용은 아니에요.

아이와 함께 내가 만약 갈릴레이였다면 목숨을 건지기 위해 지동설을 철회할 것인지, 아니면 학자로서의 양심을 지키기 위해 지동설을 계속 주장할 것인지 이야기를 나누어 보세요. 더 올바른 쪽을 찾는 시간이 아니라 내가 갈릴레이의 입장이었으면 어떤 선택을 했을지를 생각해 보면서 갈릴레이의 마음을 공감하는 시간입니다. 학자로서는 자신의 이론이 맞다는 사실을 강력하게 주장해야겠지만, 인간으로서는 죽음 앞에 약해질 수밖에 없잖아요.

글쓰기 수업

갈릴레이라는 이름은 우리에게 매우 익숙하지만, 그가 남긴 업적을 정리해 보는 것은 아이에게 다소 어려울 수 있습니다. 갈릴레이를 설명하기 위해 동원해야 하는 용어들이 다소 난도가 높기 때문이에요. 그러므로 아이가 글을 쓸 때도 잘 살펴보면서 헷갈려하는 용어나 내용에 대해 적극적으로 도움을 주면 좋겠습니다.

1. 갈릴레이는 어떤 사람인지 설명하기

책 대화를 하다 보면 글쓰기 재료를 많이 확보할 수 있기 때문에 글쓰기가 훨씬 더 수월해집니다. 하지만 막상 글쓰기를 시작하려고 하면 머릿속에 담아 놓은 재료들이 뒤죽박죽 섞여 버려 무엇부터 꺼내야 할지 막연해질 수도 있어요. 그럴 때는 다시 한번 질문을 통해 내용을 체계적으로 정리해 보는 시간을 가져 주세요. 그것이 바로 엄마표의 가장 큰 무기예요.

엄마: 갈릴레이는 어떤 분야를 연구한 과학자였지?
아이: ~~~~~~

엄마: 갈릴레이는 망원경을 만들어 어떤 업적을 이루었을까?

아이: _____

엄마: 갈릴레이는 자신이 연구한 천체에 대한 이야기를 어떤 책들에 담았지?

아이: _____

엄마: 교회에서는 왜 갈릴레이를 죄인으로 만들어 재판을 했을까?

아이: _____

엄마: 갈릴레이가 죽고 나서 300년이 훨씬 지난 뒤 사면이 됐다는 것은 무엇을 의미할까?

아이: _____

질문과 대답을 통해 갈릴레이의 업적에 대해 정리하는 시간을 가졌다면 이번에는 글로 갈릴레이의 업적을 정리하는 시간을 가져 봅니다.

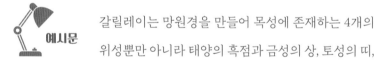

예시문   갈릴레이는 망원경을 만들어 목성에 존재하는 4개의 위성뿐만 아니라 태양의 흑점과 금성의 상, 토성의 띠, 달 표면의 언덕과 계곡 등을 발견했어요. 또 태양이 지구 주위를 돈다는 천동설이 틀리고 지구가 태양 주위를 돈다는 지동설이 맞다는 사실도 밝혀냈지요. 이러한 자신의 연구 결과를 『별의 전령』과 『두 가지 주요 우주 체계에 대한 대화』라는 책에 담아 출판하기도 했어요.

하지만 지동설을 지지하는 것을 교회에서는 성서를 뒤엎는 일이라고 생각해서 갈릴레이를 불러다가 재판을 했습니다. 결국 갈릴레이는 유죄 판결을 받고 평생을 집 안에 갇혀 감시를 받으며 살아야 했어요. 죽고 나서 300년이 지난 뒤에야 비로소 사면을 받고 죄인에서 벗어났습니다.

2. 갈릴레이가 없었다면 이 세상은 어떻게 달라졌을지 자유롭게 상상하여 쓰기

망원경을 통해 천체를 관찰해서 천문학 발전에 눈부신 공로를 세운 갈릴레이가 없었다면 과연 현재의 세상은 어떻게 달라졌을지 상상해서 글로 써 보도록 합니다. 여기에서 중요한 핵심은 '자유롭게' 상상하여 쓰는 글이라는 점입니다. 따라서 정답이 없고 아이의 생각대로 쓰는 것이 중요해요. 갈릴레이가 없었다면 천문학 발전이 더디게 이루어졌을 수도 있지만, 또 그렇지 않았을 수도 있어요. 우리가 가보지 않은 길이니까 아무도 확실하게 답을 이야기할 수 없는 문제예요. 그러므로 아이가 자신의 생각을 자유롭게 쓸 수 있도록 충분한 시간과 편안한 분위기를 만들어 주세요.

자유롭게 쓴다는 것이 아무렇게나 쓴다는 의미는 아닙니다. 주장은 자유롭게 펼칠 수 있지만 그렇게 생각하는 논거가 구체적으로 뒷받침되어야 합니다. 논거를 통해 상대방에게 나의 생각을 조리 있게 전달하는 것이 중요하지요. 논거에 대해 좀 더 쉽게 이해할 수 있도록 예시문에는 다소 엉뚱한 주장을 펼쳐 보도록 하겠습니다. 다소 엉뚱한 주장이어도 논거가 명확하다면 좋은 글이 됩니다.

예시문 저는 갈릴레이가 없었다고 해도 천문학의 발전이 늦어졌을 것이라고 생각하지 않습니다. 갈릴레이가 활동하던 당시에는 이미 천문학자들 사이에 지동설이 널리 퍼져 있었던 상태였어요. 그래서 갈릴레이가 아니었어도 누군가가 지동설이 맞다는 사실을 밝혀냈을 것 같습니다. 오히려 그 당시에 갈릴레이가 너무 유명했던 탓에 다른 과학자들이 자신의 능력을 발휘할 기회가 주어지지 않았을 것이라는 생각도 듭니다. 어쩌면 갈릴레이가 없었다면 갈릴레이보다 더 뛰어난 천문학자에게 기회가 생겨서 더 대단한 발견을 했을지도 모릅니다.

독서록 Tip

이 책을 읽고 독서록을 쓰고 싶다면 먼저 갈릴레이에 대해 소개한 다음, 만약에 갈릴레이가 없었다면 이 세상이 어떻게 달라졌을 상상하는 내용을 느낀 점으로 이어 쓰면 됩니다. 느낀 점으로 갈릴레이에게 본받고 싶은 점이나 아쉬운 점을 쓰는 것도 좋습니다. 만약 천문학자를 꿈꾸는 아이라면 자신의 꿈과 갈릴레이의 업적을 연결 지어 느낀 점을 쓰면 더할 나위 없이 좋습니다.

학교 과제로 나오는 글쓰기 지도법 3

설명문 쓰기,
자료 검색 요령부터 터득한다

설명문은 주제 선정과 자료 검색만 잘해도 쉽게 잘 쓸 수 있는 글입니다. 특별한 글쓰기 기교가 필요한 것은 아니고, 주제에 맞는 유익한 정보들을 정확하게 정리하면 되기 때문에 이 두 가지를 잘 해결할 수 있는 능력만 키우면 돼요.

비교적 난도가 높은 글은 아니지만 아이들이 반드시 잘 쓸 수 있어야 하는 글임에 분명합니다. 초·중·고 시절 내내 어떤 주제에 대해 설명문을 써야 하는 과제가 많기 때문이에요. 이 책의 3장에서 내내 열심히 연습했던 해당 위인에 대해 설명하는 글쓰기도 일종의 설명문이라고 할 수 있겠네요. 뿐만 아니라 입시나 입사를 위해 제출해야 하는 자기소개서, 대학교에서 쓰게 되는 리포트 역시 실명문의 연장선이에요.

설명문을 쓸 때는 먼저 주제를 정할 때 범위를 너무 넓게 잡아도 안 되고 너무 좁게 잡아도 안 된다는 점부터 알려 주세요. 주제를 너무 넓게 잡으면 방대한 양을 꼼꼼하게 정리할 수 없으므로 수박 겉핥기 식의 알맹이 없는 글이 될 가능성이 커요. 반대로 주제를 너무 좁게 잡으면 쓸 내용이 별로 없어서 몇 줄 안 썼는데 밑천이 바닥날 수 있고요. 그러므로 과제를 얼마만큼의 분량으로 써야 하는지 그리고 아이의 글쓰기 실력이 어느 정도인지를 고려해서 주제를 선정해야 합니다.

주제를 선정했다면 자료를 검색합니다. 책을 통해 자료를 수집하면 자연스럽게 독서가 이루어지기 때문에 가장 좋습니다. 하지만 그것이 좀 불편하게 느껴진다면 얼마든지 인터넷을 활용해도 됩니다. 요즘은 인터넷이 발달해서 포털 사이트를 통해 쉽게 자료를 구할 수 있거든요. 그런데 무작정 자료를 많이 찾는 게 중요한 것이 아니라, 자신이 써야 할 내용에 맞춰 필요한 자료를 요령껏 찾는 것이 중요해요. 그러기 위해서는 자료를 찾기 전에 미리 자신이 어떤 주제로 쓸 것이며, 그 주제에 맞춰 어떤 흐름으로 써 내려갈지를 먼저 설계한 뒤 자료 검색을 시작하는 것이 시간을 절약하면서 실속 있는 자료를 찾는 지름길이 될 것입니다.

자료 검색을 마쳤다면 (물론 글을 쓰는 중간에도 필요한 자료가 생기거나 확인해야 할 내용이 있으면 수시로 자료 검색을 해야 합니다.) 자신이 설계해 놓은 흐름에 맞춰 글을 쓰기 시작하면 됩니다. 물론 설명문도 형식이 있습니다.

설명문은 보통 처음, 가운데, 끝 3단계로 쓰게 돼요. '처음'은 자신이 설명하려는 대상에 대해 간단하게 정의를 내리는 정도만으로도 충분합니다. '가운데'에는 자료 검색을 통해 그 대상에 대해 알게 된 내용들을 정리해요. 그것이 만들어지는 과정, 그것의 기능이나 역할, 역사, 종류 등 선택한 대상에 대한 이해를 도울 수 있는 내용들을 차근차근 정리하면 됩니다. '끝'에는 내가 선정한 대상이 우리에게 어떤 도움을 주었는지, 혹은 이 세상에 어떤 가치가 있는지 등과 같은 내용을 담아 마무리하면 됩니다.

자료 찾는 요령만 있으면 별다른 어려움이 없는 장르이지만, 놓치면 안 될 주의 사항들이 있습니다. 무엇보다 가장 중요한 것은 반드시 자신의 생각이나 느낌이 들어가면 안 된다는 점이에요. 독서록, 일기, 그리고 다음에 소개할 기행문, 논설문과는 확연히 구별되는 점이지요. 설명문은 정확한 정보를 객관적으로 전달하는 글이기 때문에 절대로 자신의 개인적인 생각이나 느낌이 들어가면 안 되고 신뢰할 만한 자료를 바탕으로 검증된 내용만을 글 속에 담아야 합니다.

또한 인터넷으로 수집한 내용을 눈과 손만 이용해 그대로 베껴 쓰면 질적으로 떨어지는 설명문이 완성될 것입니다. 일단 분량이 너무 많아져서 조리 있게 글을 전개해 나가기 어렵습니다. 인터넷에서 가져온 어려운 어휘들을 그대로 옮겨 놓은 탓에 글을 쓰는 당사자가 무슨 뜻인지도 알지 못한 채 글자들만 열거해 놓는 경우도 태반이에요. 그러므로 아이가 수집한 자료들을 다 읽어 본 뒤, 그중에서 선정한 주제를 설명하는 데 적당하나고 판단되는 내용들을 직접 골라내도록 해야 합니다. 그다음 자신이 골라낸 자료의 내용이 무슨 뜻인지 먼저 스스로 소화한 다음 글로 쓰기 시작해야 하고요. 그렇게 해야 자기만의 어휘와 문장으로 표현하는 습관을 들여 글쓰기 실력을 키울 수 있고, 자신이 검색한 내용을 충분히 이해해서 지식과 상식으로 남길 수 있어요.

바로 앞에서 글쓰기 연습을 해 본 갈릴레오 갈릴레이에 대한 설명문을 예시로 들어 볼게요. 설명문은 처음, 가운데, 끝의 형식을 띠고 있어야 하기 때문에 앞에서 쓴 갈릴레이 설명글보다 훨씬 자세히 쓰게 될 거예요.

예시문

갈릴레오 갈릴레이는 이탈리아의 천문학자이자 물리학자이다. 1564년에 태어나 1642년에 사망하기까지 망원경을 통해 우주 천체를 확인하고, 지동설을 뒷받침하는 저서를 발표하여 천문학의 발전에 크게 이바지한 동시에 자유 낙하 운동과 등가속 물체의 운동에 대해서도 연구하여 물리학의 발전에도 기여한 바가 큰 과학자다. (처음)

갈릴레이의 업적이라고 하면 뭐니 뭐니 해도 망원경을 만들어 목성에 존재하는 4개의 위성뿐만 아니라 태양의 흑점과 금성의 상, 토성의 띠, 달 표면의 언덕과 계곡 등을 발견했다는 점이다. 갈릴레이는 이와 같은 위대한 발견을 『별의 전령』이라는 저서에 담아 1610년 출판했다. 또한 망원경을 통해 우주를 관찰함으로써 코페르니쿠스의 지동설이 맞다는 사실을 알아내어 그에 대한 내용을 담은 『두 가지 주요 우주 체계에 대한 대화』라는 저서를 1632년에 출간했다. 갈릴레이의 연구를 통해 사람들 사이에서 지동설이 널리 퍼져나가자 교회에서는 위기감을 느끼고 갈릴레이를 가두어 재판을 하고는 유죄 판결을 내렸다. 결국 갈릴레이는 죽을 때까지 집 안에 갇혀 지내는 신세가 되고 말았다. 죽고 나서 300년이 지난 뒤에야 사면을 받고 죄인에서 벗어났다. (가운데)

갈릴레이는 천문학 역사상 가장 큰 업적을 남긴 최고의 과학자로 손꼽히고 있다. 물론 교회에 의해 재판을 받을 때 자신이 주장했던 지동설을 철회했다는 점 때문에 비판의 대상이 되기도 하지만, 천문학계에 커다란 업적을 남겼다는 사실은 누구도 부정할 수 없는 역사적 사실이다. (끝)

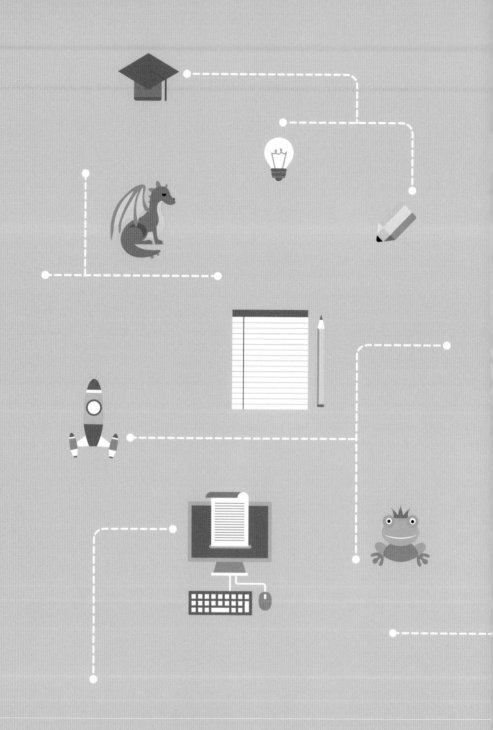

Chapter 4

과학책
제대로 읽고
제대로 글쓰기

과학책을 읽었지만
용어와 개념을 이해하지 못하는 아이들

★　　　　　과학은 학교 시험에서 국·영·수 다음으로 비중이 큰 편에 속하기 때문에 엄마들이 매우 공을 들이는 과목 중 하나입니다. 시험의 비중도 크지만, 일상생활과 직결되는 상식이 과학 분야에 포함되는 것들이 많아서 과학을 잘 알면 지혜롭게 살아갈 수 있는 지름길이 되기도 합니다. 그래서 집집마다 아이가 어릴 때부터 좋다고 입소문 난 과학 전집을 마련해 두는 것은 육아의 필수 코스라고 할 수 있어요.

그런데 제가 아이들 독서 지도를 하면서 위인전만큼이나 고심하게 되는 것이 바로 과학책이에요. 분명 어렸을 때부터 과학책을 많이 읽으면서 성장했을 텐데, 아주 기본적인 과학 용어나 과학 개념들을 모르는 아이들이 비일비재하기 때문이에요. 아주 간단한 광합성이라든가 생태계 같은 용어들도 설명하지 못해요. 분명 과학 전집 안에 그런 주제의 책들이 포함되어 있을 텐데요.

다른 장르들도 마찬가지지만 과학책은 용어 하나하나를 놓치지 않고 습득할 수 있어야 하고 개념 하나하나를 빠짐없이 이해할 수 있어야 제대로 읽은 것이기 때문에 글자만 줄줄 읽고 넘어가서는 안 됩니다. 정독을 하면서 모르는 용어가 나오면 그 뜻을 알고 넘어가고 어려운 개념이 나오면 핵심을 파악한 뒤 넘어가야 하지요. 과학책을 처음부터 끝까지 읽었는데 용어나 개념을 설명하지 못한다면 그것은 그냥 글자만 읽고 넘어갔다고 봐야 해요. 메타인지가 이루어지지 않는 독서를 한 것이지요.

물론 모두가 그런 것은 아니고, 과학을 좋아해서 누가 시키지 않아도 과학책을 펴놓고 심취하는 아이들의 경우에는 잘 이해하고 잘 설명합니다. 이런 아이들은 과학책이 정말 좋고 재미있으니까 몰입을 해서 읽는 거예요. 반면 과학에 흥미가 없는 아이들은 과학책에 나오는 용어나 개념들이 어렵고 지루하게 느껴질 것이 분명해요. 이런 아이들일수록 쉽고 재미있는 과학책으로 접근하는 것이 중요합니다.

그래서 저는 상담이나 강연을 할 때 과학책을 추천해 달라고 하면 독서를 좋아하고 독서 습관이 잘 잡힌 아이들의 경우에는 읽기책 형태로 읽어도 되지만, 아이가 평소 독서를 별로 좋아하지 않거나 독서 습관이 잘 잡혀 있는 편이 아니라면 학습만화를 통해 과학 지식을 습득할 것을 권장해 드려요. 독서 습관이 잘 잡혀 있지 않으면 글의 내용을 파악하기 힘들 테고, 그러면 그 책을 통해 알아야 할 과학 상식까지 놓칠 수 있거든요. 학습만화는 그림을 곁들여 가며 내용을 아주 쉽게 풀어쓴다는 장점이 있기 때문에 학습 보조물로 적극 활용하면 좋아요.

단, 학습만화는 학습 보조물로서는 효과가 있으나 독해력이나 문해력을 향상하는 수단은 될 수 없습니다. 독해력이나 문해력은 글을 읽고 해석하는 과정을 통해 발달하게 되어 있는데, 학습만화는 잘 알다시피 그림으로 많은 것을 표현하고 글은 해석이 필요 없을 만큼 단순 명료하게 들어가는 경우가 많아요. 그조차도 제대로 읽지 않고 그림만 훑고 넘어가는 아이들이 많고요. 그러므로 학습만화는 학습 보조물 이상의 역할을 해내지 못합니다. 게다가 학습만화라는 이름을 표방하고 있는 코믹만화 시리즈들도 많은데, 이런 코믹만화들은 학습 보조물로서의 역할도 하지 못해요. 그냥 아이들이 즐거운 시간을 보낼 수 있는 오락거리라고 생각하면 됩니다.

그림책 형태로 된 과학책을 읽게 하는 것도 적극 추천하는 편이에요. 과학 그림책은 글자가 얼마 안 돼 보여서 유아기 아이들에게나 적당할 것처럼 보이지만, 적은 분량 안에서도 중요한 용어와 개념은 다 등장합니다. 과학책은 대충이란 없습니다. 하나하나 샅샅이 이해하고 암기해야 해요. 그래서 글밥이 너무 많거나, 너무 많은 개념과 용어를 한꺼번에 제시하는 과학책은 이해하기 어려워 오히려 속 빈 강정 같은 독서가 될 수도 있어요.

읽기 편한 책을 골라 엄마와 책 대화를 나누며 궁금한 것을 물어보고 의문이 드는 점에 대해서 의견도 나누면서 과학적 사고력을 키워 나갈 수 있었으면 좋겠습니다. 그렇게 되면 아이의 과학 실력이 일취월장하는 것은 시간 문제가 아닐까요?

백혈구는 어떻게 우리 몸을 지킬까?

『싸우는 몸』을 읽고 글쓰기

서천석 글 / 양정아 그림 | 웅진주니어

코로나바이러스가 전 세계를 마비시키면서 그 어느 때보다 면역력에 대한 관심이 높아졌어요. 『싸우는 몸』은 병균이 우리 몸에 들어왔을 때 우리는 어떤 시스템을 작동하여 어떤 과정을 통해 병균을 물리치는지를 잘 설명하고 있는 책입니다. 병균에 맞서 힘들게 싸우는 우리 몸을 돕기 위해서는 어떤 생활 규칙들을 실천해야 하는지도 나와 있지요. 이 책을 통해 아이가 백혈구의 활약에 대해 알고 나면 우리 몸을 건강하게 유지하기 위해 노력해야 할 점을 저절로 깨닫게 될 거예요.

그림책이라고 하면 유아들이나 볼 만한 쉽고 단순한 책이라고 생각하기 쉽지만, 과학 그림책의 경우 개념을 자세히 분석하고 용어를 정확히 암기해야 한다는 점에서 절대로 쉽거나 단순하지 않습니다. 이 책 역시 우리 몸에서 백혈구가 하는 일을 꼼꼼하게 알려 주고 있습니다. 저도 이 책을 통해 림프구, 호중구, 대식세포의 역할에 대해 분명하게 알게 되었어요.

과학 그림책의 특성상 본문에서 다 이야기하지 못한 추가 자료들은 책 맨 뒤쪽에 부록처럼 넣어 두는 경우가 많습니다. 이 부분도 그냥 넘기지 말고 꼭 챙겨 봐야 해요. 본문의 내용을 확실하게 이해시켜 줄 핵심 자료들이 담겨 있거나, 주제에 대해 더 큰 흥미를 느끼게 해 줄만한 보물 같은 자료들이 담겨 있는 경우가 많거든요. 이 책에도 우리 몸을 아프게 하는 병균들에 대한 설명이 사진과 함께 첨부돼 있는데, 뭔가 무시무시한 느낌이 들면서도 꼼꼼하게 살펴볼 수밖에 없는 마력을 뿜어내고 있어요.

책 대화 나누기

앞에서 제안한 창작동화와 위인전, 그리고 다음에 등장할 철학책은 책 대화를 할 때 아이의 생각을 자유롭게 표현하는 것에 주로 초점을 맞췄어요. 하지만 과학책은 다릅니다. 과학책은 개념을 확실하게 파악하고 용어를 정확하게 외우는 것이 중요하기 때문에 내용을 정확하게 이해했는지에 책 대화의 초점을 맞출 거예요.

쉬워 보이는 그림책이어도 새로운 용어가 많이 등장하기 때문에 내용을 완전하게 이해하기 어려울 수도 있습니다. 그러므로 충분한 시간을 갖고 아이가 어려워하는 부분에 대해 설명해 줄 필요가 있어요. 과학책은 완전하게 이해하지 않으면 남는 것이 없는 장르니까요.

1. 바이러스와 세균은 어떻게 다를까?

우리는 보통 병균에 대해 이야기할 때 바이러스와 세균을 혼동하는 경향이 있습니다. 이 두 가지는 우리 몸을 아프게 만든다는 공통점이 있기는 해도 엄연히 다른 존재예요. 우리 몸의 면역력에 대한 책이니, 바이러스와 세균의 차이점부터 확실히 짚고 넘어가는 것이 좋겠습니다.

이 책에서는 코가 막혀 코맹맹이 소리를 내는 정도의 아이는 바이러스에 의해 감기에 걸렸다고 하고, 눈이 벌겋고 누런 콧물이 나오는데다가 열이 높은 아이는 세균의 공격에 의해 아픈 것이라고 이야기합니다. 딱 봐도 바이러스보다 세균이 훨씬 더 강한 병균이라는 느낌이 오지요. 세균은 바이러스보다 덩치가 100배쯤 크고 힘도 더 좋다는데, 책의 그림만 봐도 바이러스보다 세균이 훨씬 더 험상궂고 힘이 세게 생겼네요.

바이러스는 세균보다 크기가 훨씬 작은데다가 숙주 없이는 증식하지 못해서 숙주에 기생해서 살아갑니다. 변이를 잘 해서 백신이나 치료제를 개발하는 데도 애를 먹지요. 코로나바이러스 역시 계속해서 변이가 일어나 백신과 치료제를 개발하는 데 애를 참 많이 먹었지요.

반면 세균은 숙주 없이도 스스로 살아갈 수 있기 때문에 변이가 잘 일어나지 않습니다. 그래서 치료제도 바이러스에 비해 개발하기 쉬운 편이지요. 우리가 보통 항생제라고 부르는 것이 세균을 치료하기 위한 약이에요. 다시 말해 바이러스에 의한 감기는 항생제를 먹어도 아무 소용없다는 뜻이에요. 하지만 우리나라 병원에서는 바이러스에 의한 감기에도 항생제 처방을 해서 과잉 처방으로 논란을 빚고 있지요. 참고로 세균의 또 다른 이름은 바로 박테리아랍니다.

2. 림프구, 호중구, 대식세포는 어떤 역할을 할까?

백혈구는 병균으로부터 우리 몸을 지키는 역할을 합니다. 면역력이란 결국 백혈구의 활약에 달려 있다고 볼 수 있어요. 『싸우는 몸』은 백혈구가 어떤 과정을 통해 우리 몸을 지키는지에 대해 자세히 설명해 주는 책이에요. 백혈구는 여러 가지 종류가 있는데, 그중에서 대표적인 것이 림프구, 호중구, 대식세포예요. 이 세 가지를 중심으로 병균이 우리 몸에 들어오면 백혈구가 어떻게 반응하는지를 알려 주고 있습니다.

림프구는 바이러스에 맞서 싸워요. 이때 대식세포는 열을 내서 림프구가 수를 늘릴 시간을 벌어 줍니다. 호중구는 세균이 침투했을 때 맞서 싸우는데, 세균이 강해서 오래 살아남으면 세균과 싸울 수 있는 림프구가 만들어진다고 하네요. 몸이 아플 때 몸에서 열이 나는 것은 바로 백혈구들이 병균들과 싸우면서 생기는 현상이에요.

이처럼 백혈구의 활약상을 잘 이야기해 주면 아이가 면역력에 대해 잘 이해할 수 있을 거예요. 그러면 평소에도 면역력을 키우기 위해 스스로 노력하게 되지 않을까요? 제 아들은 이 책을 읽고 나서 예방주사를 잘 맞기 시작하더라고요. 원래는 예방주사를 엄청 무서워했거든요. 그런데 이 책에서 예방주사를 맞는 이유를 알게 된 다음부터는 용감하게 맞습니다.

3. 감기에 걸리면 왜 물을 많이 마셔야 할까?

이 책을 읽고 나서 백혈구의 역할에 대해 놓치지 말아야 할 부분이 있어요. 바로 병균과의 싸움에서 이기기 위해 우리가 일상생활에서 실천해야 할 일들입니다. 감기에 걸리면 물을 많이 마셔야 한다는 것은 종종 듣는 말이에요. 하지만 왜 물을 많이 마셔야 하는지는 의사 선생님조차도 설명해 주지 않지요. 그런데 이 책에 나오는 의사 선생님은 그 이유까지 친절하게 설명해 주고 있어요. "바이러스랑 싸우느라 백혈구들이 목마르니까 물을 많이 마시렴."이라고요. 병균과 힘겹게 싸우고 있는 백혈구에게 힘내라는 의미에서 물을 많이 마셔야겠어요.

글쓰기 수업

저는 보통 과학책을 가지고 아이들과 함께 수업을 할 때 가장 먼저 '독서 퀴즈'를 만들어 제공합니다. 앞에서도 여러 번 말씀드렸다시피 과학책은 내용을 정확히 이해하고 용어의 뜻을 확실하게 알아야 하기 때문이에요. 다른 장르의 책들은 절대로 퀴즈 형식의 문제를 풀어 보라고 제안하지 않지만, 유일하게 과학책만 그렇게 합니다. 아이들이 책의 핵심 내용을 얼마만큼 잘 파악하고 있는지, 책을 얼마나 정확하게 읽어왔는지를 확인하기 위해서 꼭 필요한 과정이에요.

하지만 여기에서는 독서 퀴즈를 제안하지 않고, 그 대신 '주요 내용 정리하기'를 통해 핵심 내용을 파악하는 과정을 거칠 것입니다. 물론 주요 내용을 정리한 뒤 이 책의 주제와 관련된 나의 생각을 논리적으로 서술하는 과정도 놓치지 않을 것입니다.

1. 이 책에서 중요하다고 생각하는 내용 7개를 골라 쓰기

이 책에서 가장 중요하다고 생각하는 내용 7개를 골라 써 보는 글쓰기 활동은 두 가지 효과를 기대할 수 있습니다. 첫 번째는 책을 한 번 더 들여다보면서 핵심 내용을 다시 확인해 보는 효과가 있습니다. 일종의 복습이 되겠지요. 그리고 두 번째는 수렴적 사고력을 키우는 데 큰 도움이 됩니다. 1장에서 수렴적 사고력에 대해 이야기를 했는데, 수렴적 사고력은 많은 정보와 다양한 의견 중에서 주제에 가장 적합한 것을 골라 정리하는 과정을 통해 발달합니다. 그래서 핵심 내용을 골라 정리하는 활동이 많은 도움이 돼요.

이 활동에는 주의해야 할 점이 있습니다. 가장 중요한 것은 이 책이 주제에 가장 적합한 내용들을 찾아야 한다는 거예요. 또 7개를 찾아야 한다는 미션을 완수하는 것도 중요합니다. 중요하다고 생각하는 내용이 7개가 안 된다는 것은 그야말로 글쓰기가 싫어서 대는 핑계예요. 아무리 양보해도 책 한 권 안에 중요한 내용이 7개보다 적을 리가 없습니다.

한편 의욕이 넘쳐서 7개를 넘게 쓰면 안 되냐고 묻는 아이들도 있는데, 그것도 안 됩니다. 쓰고 싶은 내용을 줄줄이 다 쓰라는 것이 아니라 그중에서 가장 중요하다고 생각하는 7개를 골라 쓰는 활동이기 때문에 그 조건을 지켜야 해요.

예시문

1. 몸속에 들어온 바이러스는 바이러스를 더 많이 만들어내며 건강한 세포를 죽인다. 바이러스가 세포를 죽이면 몸이 떨리고 힘이 든다.

2. 백혈구는 림프구, 호중구, 대식세포 등이 있는데, 바이러스와 싸우는 것은 림프구다.

3. 대식세포는 열을 내서 림프구들이 군대를 만들 수 있도록 시간을 끈다.

4. 우리 몸에 세균이 들어오며 호중구가 세균을 잡아먹고 그 자리에서 죽는다. 누런 콧물은 세균을 잡아먹고 죽은 호중구의

모습이다.

5. 바이러스와 싸우느라 백혈구들이 목이 마르니까 물을 많이
  마셔야 한다.

6. 상처가 났을 때 빨갛게 부어오르는 것은 피부 세포 사이에 틈
  이 생겨 거기로 세균이 들어오기 때문이다.

7. 예방주사는 병을 일으킬 힘이 없는 약한 병균을 몸속에 넣어
  그 병균에 맞는 림프구를 만드는 훈련을 하는 것이다. 그러
  면 진짜 병균이 들어왔을 때 많은 림프구를 금방 만들 수 있
  기 때문이다.

2. 이 책의 내용을 읽고 내 생각이 어떻게 달라졌는지 쓰기

이 책의 주제를 드러내는 중요한 키워드로는 면역력, 백혈구, 병균,
질병 예방 같은 것을 꼽을 수 있습니다. 이 책을 읽고 달라진 내 생각
을 쓸 때는 반드시 이 범주 안에서 작성할 수 있도록 해야 해요. 만약
요령을 피우느라 아이가 달라진 점이 없다고 둘러댄다면 신경전을 벌
일 필요 없이 달라진 점이 없는 이유를 써 보라고 제안하면 됩니다.
혹시나 책을 읽고 나서 정말로 달라진 점이 없을 수도 있는데, 그때 역
시 달라진 점이 없는 이유를 있는 그대로 쓰면 돼요.

예시문

나는 이 책을 읽고 병균으로부터 우리 몸을 지키는 일
이 의외로 쉽다는 생각이 들었습니다. 손을 자주 씻고,

밥을 골고루 잘 먹으며, 잠을 잘 자고, 운동을 열심히 하는 것은 조금만 신경 쓰면 누구나 실천할 수 있는 일이니까요. 예방주사를 맞는 것은 조금 무섭지만, 그것이 병균과 싸우는 연습을 미리 해 보는 것이라니 앞으로 꾹 참고 맞아야겠습니다. 또 감기에 걸리면 물을 많이 마셔서 병균과 싸우고 있는 백혈구들에게 힘을 줄 것입니다.

예시문

저는 이 책을 읽고 달라진 생각이 없습니다. 저는 이미 이전부터 병균에 맞서 싸우는 우리 몸의 면역력에 대해 잘 알고 있었고, 그래서 면역력을 키우는 방법을 잘 실천하고 있었기 때문입니다. 앞으로도 건강하게 살기 위해 위생에 신경을 쓰고, 건강한 음식을 많이 먹고 운동도 많이 해서 체력을 키울 것입니다.

독서록 Tip

이 책을 읽고 독서록을 쓰고 싶다면 먼저 이 책에서 어떤 내용을 설명하고 있는지 소개한 뒤, 이 책을 읽고 내 생각이 어떻게 달라졌는지를 쓰면 됩니다. 글쓰기에서 이 책의 주요 내용 일곱 가지를 요약해서 정리한 바 있기 때문에 어렵지 않게 소개할 수 있을 거예요.

태풍의 역할은 무엇일까?

『내 이름은 태풍』을 읽고 글쓰기

이지유 글/ 김이랑 그림 | 웅진주니어

여름이면 무더위만큼이나 우리를 힘겹게 만드는 것이 바로 태풍이에요. 여름 내내 지속되는 무더위와는 달리 태풍은 하루도 안 돼 우리나라를 훑고 지나가지만 세찬 비바람의 위력만은 아주 대단하지요. 그래서 태풍이 만들어졌다는 소식이 들려오면 규모와 경로를 예의 주시하며 바짝 긴장을 하게 됩니다. 만약 태풍의 규모가 큰데 우리나라를 관통한다면 집중 호우와 강풍으로 인해 피해가 어마어마해지니까요.

그런데 여름철의 불청객 태풍이 알고 보니 지구를 위해 꼭 필요한 존재라고 하네요. 적도 부근에서 발생하여 굳이 우리가 사는 북쪽으로 이동하는 것도 다 이유가 있다고 하고요. 태풍이 발생하지 않으면 우리 지구에 큰일이 생길 수도 있대요. 그야말로 아이들이 호기심을 가질 만한 주제이지요.

이 책의 주인공은 태풍 '덴빈'입니다. 실제로 2012년 우리나라에 착륙했던 태풍이에요. 처음 만들어졌을 때부터 우리나라에 도착한 2주 사이에 태풍 덴빈에게 일어났던 일을 상상하여 이렇게 재미있는 과학 동화로 완성한 이지유 작가의 상상력이 매우 감탄스러워요. 이지유 작가는 어린이 과학책 집필에 있어 타의 추종을 불허하는 최고의 과학 전문 작가랍니다.

책 대화 나누기

이 책은 태풍의 역기능보다는 순기능에 초점을 맞춰 이야기하고 있어요. 아무래도 태풍의 역기능은 우리가 익히 잘 알고 있으니 순기능을 널리 알리고 싶었던 것 같아요. 그래서인지 몰라도 우리가 알고 있는 사납고 맹렬한 느낌의 태풍이 아닌 순진무구하고 둔해 보이기까지 한 태풍이 등장합니다. 태풍에 대한 선입견이 싹 사라져 버릴 만큼요.

그동안 우리를 위협하는 무시무시한 존재로만 알았던 태풍이 태양의 열기를 분산시켜 지구를 지켜 주는 역할을 한다는 사실이 아이들의 흥미를 끌기에 충분할 거예요. 태풍이 온다는 예보에 무조건적으로 거부감이 들지도 않을 테고요. 물론 태풍이 우리나라를 관통하지 않고 비껴가면 더욱 좋겠지만요.

1. 덴빈의 엄마를 왜 태양으로 표현했을까?

덴빈보다 사흘 늦게 태어난 동생은 이미 북쪽을 향해 이동했지만 덴빈은 바다가 없는 북쪽으로 이동하기를 거부합니다. 그때 바로 '엄마'가 나타나서 북쪽으로 가 달라고 부탁을 하지요. 그런데 그림을 보니 태양이 덴빈의 엄마였네요. 태풍의 엄마가 태양이라니! 당연히 작가의 특별한 의도가 숨어 있는 상황 설정 같아요.

태풍 덴빈의 엄마를 왜 태양으로 설정한 것일까요? 그에 대한 단서가 책에 살짝 나옵니다. 태양이 덴빈을 부르면서 "나는 네 엄마란다. 내가 준 열기로 네가 태어났단다."라고 이야기해 주거든요. 그런데 책 대화를 통해 좀 더 구체적인 이유를 찾아보면 좋을 것 같습니다. 태양이 준 열기가 어떻게 태풍을 탄생시키는지에 대해서요.

2. 태풍은 왜 북쪽으로 이동할까?

그렇다면 왜 덴빈의 엄마인 태양은 덴빈에게 자꾸만 북쪽으로 가라고 하는 것일까요? 이 질문에 대한 답은 이 책의 핵심이기도 합니다. 이 책의 핵심이기 때문에 책에 비교적 자세히 나와 있어요. 태풍에게는 '열 배달부'라는 사명이 주어졌기 때문에 적도 부근의 열을 북쪽으로 이동시켜야 할 의무가 있어요. 만약 태풍이 북쪽으로 이동하지 않으면 적도 부근은 계속 더워지고 북쪽은 계속 추워질 테지요. 사실 태풍은 무서운 마음보다 고마운 마음이 앞서야 하는 존재랍니다.

3. 태풍이 소멸되면 영원히 사라지는 걸까?

이 책을 통해 태풍의 역할에 대해 알 수 있기도 하지만, '물의 순환'에 대해 설명할 수 있는 절호의 기회가 되기도 해요. 덴빈이 북쪽으로 이동하는 것을 망설이고 있을 때 미루라는 물방울이 "한 달 전에 '카눈'이라는 태풍의 일부가 되어 땅으로 올라가 비가 되어 다시 땅에 떨어졌어요."라고 말해요. 그러면서 세상을 구경한 여행 이야기를 들려주지요. 미루와의 대화를 통해 덴빈은 북쪽으로 가면 태풍이 사라지지만, 이 세상에서 완전히 사라지는 것은 아니고 태풍을 이루고 있던 물방울들이 다시 바다로 돌아올 수 있다는 사실을 깨닫게 됩니다. 그러고 나서 두려움을 떨쳐내고 북쪽으로 이동하지요.

실제로 이 세상에 존재하는 물은 돌고 돌아요. 이것을 '물의 순환'이라고 하지요. 이 세상에 있는 물은 수증기 형태로 증발했다가 비가 되어 땅에 내리는 과정을 끊임없이 반복해요. 땅에 내린 비는 물방울 미루가 그랬던 것처럼 온 세상을 여행하고요. 태풍의 일생에 대해 공부하면서 물의 순환에 대해서도 알 수 있다니, 일석이조예요.

글쓰기 수업

과학책을 읽고 글쓰기 훈련을 할 때는 글쓰기 실력을 뽐내기보다는 정확하고 구체적으로 쓰는 데 초점을 맞춰야 합니다. 또한 짧은 문장 안에 핵심 내용이 완벽하게 담기도록 요약할 수 있는 기술도 필요하지요. 보통 글을 길게 쓰는 것이 더 잘 쓴 글이고 더 어렵다고 생각하기 쉽지만, 사실 글은 짧게 잘 쓰기가 더 어렵습니다. 짧은 분량 안에 내 생각을 충분하고도 완벽하게 담아내려면 고도의 기술이 필요하거든요.

군더더기 없이 간결하게 쓰면서도 자신의 생각과 핵심 내용까지 완벽하게 담아내기 위해서는 평소에 긴 글을 쓸 것을 강요하면 안 됩니다. 무조건 길게 쓰는 것에 목표를 두면 의미 없는 내용을 나열하거나 했던 말을 자꾸 반복하는 양상을 보이기 십상이에요. 글을 쓰는 기술은 없는데 길게 쓰라고 하니 머릿속에 떠오르는 것들을 일단 다 쓰고 보는 거예요.

한 문장 한 문장이 모여 한 단락이 되고, 한 단락 한 단락이 모여 한 편의 글이 완성됩니다. 그러므로 글쓰기는 한 문장씩 정확하게 쓰는 연습부터 시작해야 해요.

1. 이 책에서 중요하다고 생각하는 내용 7개 골라 쓰기

『내 이름은 태풍』 역시 과학책이므로 정확한 내용을 파악하고 중요한 용어를 암기하는 것이 중요해요. 이를 위해 마찬가지로 '주요 내용 정리하기'부터 해 보겠습니다. 주요 내용을 정리할 때는 어떤 내용을 고르느냐도 중요하지만, 그 내용을 얼마나 구체적으로 설명할 수 있는지도 중요합니다. 또한 책의 내용을 그대로 옮겨 적기보다는 정리하려고 하는 내용을 이해하면서 자신의 것으로 소화한 뒤 쓸 수 있어야 해요.

예시문

1. 태풍은 빙글빙글 소용돌이치는 거대한 구름 덩어리이다.

2. 태양의 열기로 인해 바닷물이 증발하면서 수증기가 되고, 수증기가 모여서 태풍이 된다.

3. 바다 표면 중에는 특히 더 데워지는 부분이 있는데, 바로 그곳에서 태풍이 만들어진다. 특히 더 데워지는 바다 표면은 주변보다 더워져 공기가 가벼워지면서 주변에 있는 수증기와 공기들이 모여들기 때문이다.

4. 태풍은 적도 부근의 열을 추운 북쪽으로 이동시키는 열 배달부 역할을 한다.

5. 태평양 근처에서 만들어지는 것은 태풍이라고 하지만 멕시코 근처에 만들어지는 것은 허리케인이라고 한다. 또 적도 아래 남반구에서 만들어지는 것은 사이클론이라고 한다.

6. 태풍이 육지에 도착하면 수증기를 보충하지 못해 점점 힘이 빠진다.

7. 북쪽으로 이동하면서 사라진 태풍은 다시 비가 되어 땅으로 떨어진 뒤 바다로 이동한다. 그러므로 엄밀히 말하면 태풍이 사라지는 것은 아니다.

2. 이 책을 읽고 새로 알게 된 사실 쓰기

이번에는 이 책을 읽고 새롭게 알게 된 사실을 써 보도록 할게요. 새로 알게 된 내용을 쓸 때는 어떤 내용을 새로 알게 됐는지를 쓰면서 이전과 비교해서 어떤 점이 달라졌는지까지 써야 충분한 설명이 됩니다. 서술형·논술형 글쓰기에서는 바로 그런 점들을 놓치면 안 돼요.

예시문 저는 이 책을 읽고 태풍이 적도의 뜨거운 열을 추운 북쪽으로 이동시켜서 지구의 열 균형을 유지하는 열 배달부 역할을 한다는 사실을 새롭게 알게 되었습니다. 예전에는 한 번 올 때마다 심각한 피해를 입히기 때문에 태풍이 나쁜 것이라고 여겨져서 이 세상에서 사라졌으면 좋겠다고 생각했습니다. 하지만 태풍이 사라지면 우리 지구가 엄청 추워질 것이라고 하니, 앞으로는 태풍이 만들어지는 것을 반가워해야 할 것 같습니다. 그렇지만 여전히 피해가 발생하는 것은 싫습니다.

독서록 Tip

이 책을 읽고 독서록을 쓰고 싶다면 먼저 이 책에서 어떤 내용을 설명하고 있는지 소개한 뒤, 이 책을 읽고 새롭게 알게된 사실을 덧붙여 쓰면 됩니다. 과학책은 이야기하고자 하는 주제가 명확하기 때문에 오히려 독서록을 쓰기 더 쉬운편이에요.

WRITING·13

지구의 모습은 왜 변화하는 것일까?

『지구가 살아 있어요』를 읽고 글쓰기

정창훈 글/ 이상현 그림 | 웅진주니어

지구는 계속 모습을 바꾸고 있습니다. 2억 5천만 년 전의 지구와 1억 5천만 년 전의 지구, 6천만 년 전의 지구, 그리고 현재의 지구는 각각 모습이 달라요. 어제의 지구와 오늘의 지구도 그 모습이 약간 다를지도 몰라요. 어마어마하게 큰 지구의 규모에 비하면 눈에 띄지 않는 작은 변화이기 때문에 느끼지 못할 뿐이지요.

그렇다면 지구의 모습은 왜 달라지는 것일까요? 지구의 모습을 바꾸는 힘은 어디에서 나오는 것일까요? 지구에서는 과연 어떤 일이 벌어지고 있는 것일까요?『지구가 살아 있어요』라는 과학책 안에 바로 그 답들이 담겨 있답니다. 보이지 않는 힘에 의해 때로는 서서히, 때로는 급격하게 모습을 바꾸는 지구를 '살아 있다'라고 표현한 것이 매우 흥미롭네요. 살아 있다고 표현하니까 지구가 더 신비롭고 위대하게 느껴지는 것 같아요.

이 책 또한 그림책의 형태를 띠고 있어서 유아용으로 보여 쉽게 생각할 수도 있습니다. 하지만 이 책을 통해 아이들은 지구의 구조, 대륙 이동설, 지진, 화산, 쓰나미 같은 지구과학 분야의 핵심 내용들을 접하게 됩니다. 그러한 중요한 내용들을 세밀한 그림과 아이들의 눈높이에 맞는 어휘로 꼼꼼하게 설명하고 있지요. 그래서 저는 독서와 글쓰기 지도를 할 때 과학 분야는 이 책이 포함된 '똑똑똑 과학 그림책' 시리즈를 많이 활용합니다.

책 대화 나누기

아이들이 지진, 화산 같은 것에 대해서는 꽤 익숙한 편입니다. 그러나 그것이 어떤 과정을 통해 발생하는지, 그것이 왜 지구가 살아 있다는 증거가 되는지에 대해서는 정확하고 구체적으로 알지 못해요. 하지만 과학은 정확하고 구체적으로 알아야 의미가 있다고 했지요? 대충 아는 것, 아는 것 같은 것은 진짜 지식이 아니라 가짜 지식입니다. 가짜 지식은 실제로 활용할 수 없는 무의미한 것이고요.

이 책은 일단 자연재해와 연결되는 용어들이 많이 등장하여 아이들의 관심을 확 끌 수 있을 거예요. 또 지진과 화산을 비롯해, 지구가 마치 살아 있는 것처럼 움직이게 만드는 여러 가지 현상들을 아이들의 눈높이에 맞춰 설명하고 있어요. 덕분에 지구과학 분야에서 알아야 할 중요한 개념들을 진짜 지식으로 만들 수 있을 거예요.

1. 지구가 맨 처음 생겨났을 때는 땅덩어리가 하나였다는 증거는 무엇일까?

책의 앞부분에는 지구가 맨 처음 생겨났을 때 지구의 땅덩어리는 하나였다가 점차 땅덩어리들이 떨어져 나가 지금과 같은 모양이 되었다고 설명하고 있어요. 그리고 이것을 지구가 살아 있다는 증거 중 하나로 제시하지요. 바로 우리가 잘 알고 있는 '대륙 이동설'이랍니다.

그것을 확인해 볼 수 있는 재미있는 방법도 알려 줍니다. 지구본을 살펴보면 퍼즐 조각처럼 대륙 간 튀어나온 부분과 들어간 부분이 들어맞는다는 내용이 등장하는데, 이때는 실제로 지구본을 가지고 아이와 함께 확인해 보면 좋을 것 같아요. 지구본이 없다면 세계지도를 오려서 맞춰 봐도 됩니다. 집에 있는 세계지도를 희생시키기 아깝다면 인터넷에서 세계지도를 출력하여 활용해도 됩니다. 특히나 남아메리카와 아프리카의 해안선은 기가 막히게 잘 들어맞는 것을 확인할 수 있을 거예요.

책을 읽을 때 관련된 활동을 곁들이면 그 내용이 머릿속에 강력하게 자리 잡아 장기 기억으로 저장할 수 있어요. 이런 활동들은 어린아이일수록 더 의미가 있고, 아이 중심으로 재미있게 진행할수록 더 효과가 있습니다.

2. 지진이 더 두려운 현상일까, 화산이 더 두려운 현상일까?

이 책을 통해 지진이 일어나는 원인과 과정, 화산이 일어나는 원인과 과정을 알게 되었다면 약간은 엉뚱한 질문으로 아이에게 생각의 날개를 달아 주는 것은 어떨까요? 아이에게 지진이 더 두려운 현상일까, 화산이 더 두려운 현상일까에 대해 물어보는 거예요. 물론 둘 다 우리에게는 너무나도 두려운 자연재해이지만, 그중에 딱 하나만 골라서 왜 그것이 더 두려운 현상이라고 생각하는지 이유를 들어 보세요.

과학적인 내용이므로 객관적인 사실을 이유로 들어 논리적으로 설명할 수 있어야 합니다. 만약 아이가 논리적으로 설명하지 못한다면 논리적으로 설명할 수 있도록 중간중간에 방향을 잡아 주는 질문을 던져 보세요. 또 아이가 자신의 생각을 이야기한 뒤에는 엄마의 생각도 이야기해 줘서 서로의 생각을 비교하는 시간도 가져 보세요.

3. 지구가 살아 있다는 것은 무슨 의미일까?

이것은 이 책의 주제를 정리하는 질문이 되겠지요? 우리는 보통 심장이 뛰고 뇌가 판단하며 팔다리가 움직이는 것을 '살아 있다'라고 표현하잖아요. 지구가 살아 있다는 것은 당연히 그러한 의미는 아닐 테고요.

이 책에서는 지구가 살아 있다는 증거로 맨틀 위를 둥둥 떠다니는 암석 판, 불룩 솟아오르는 산맥, 지진, 쓰나미, 화산, 간헐천, 검은 굴 뚝 같은 것들을 제시하고 있어요. 그렇다면 과연 지구가 살아 있다는 것은 어떤 의미일까요? 이 책의 작가는 왜 지구를 살아 있다고 표현한 것일까요? 아이와 함께 '지구가 살아 있어요'라는 제목에 대해 이야기 나누는 시간을 가져 보세요.

 글쓰기 수업

과학책을 읽고 나서 글쓰기를 하는 것은 글쓰기 실력을 쌓는 데도 도움이 되지만, 책의 내용을 다시 한번 꼼꼼하게 되짚어 봄으로써 내용을 정확하게 파악하는 데도 도움이 됩니다. 글쓰기 훈련과 복습을 한꺼번에 하는 셈이지요. 과학책 내용을 가지고 글쓰기를 하는 것은 다소 재미없는 편이지만, 위와 같은 이유로 꼭 필요한 과정이 됩니다.

1. 이 책에서 중요하다고 생각하는 내용 7개 골라 쓰기

이번에도 역시나 '주요 내용 정리하기'부터 해 보겠습니다. 과학책은 설명문 쓰기 연습을 하기에 아주 적합한 형식을 가지고 있어요. 설명문은 설명하고자 하는 내용을 검증된 참고 자료에서 찾아 핵심적인 정보 중심으로 써 내려가면 되거든요. 과학책은 어떤 주제에 대해 핵심적인 정보들이 가득하기 때문에 설명문을 쓰기에 딱 좋은 참고 자료입니다. 또 주요 내용 정리하기는 바로 어떤 주제에 대해 핵심적인 정보들을 추려내는 연습이 될 수 있고요. 다시 말해 과학책을 읽고 주요 내용을 정리하는 것은 설명문을 잘 쓸 수 있는 준비운동이 됩니다.

예시문

1. 지구가 처음 생겨났을 때 지구의 땅덩어리는 하나였지만, 점차 땅덩어리들이 떨어져 나가 지금과 같은 모양이 되었다.

2. 지구는 지각, 맨틀, 외핵, 내핵으로 나누어져 있다.

3. 육지와 바다는 암석 판 위에 있으며, 암석 판은 맨틀 위를 둥둥 떠다닌다.

4. 커다랗고 무거운 땅덩어리를 옮기는 것은 맨틀이다. 맨틀이 끓는 물처럼 솟아오르며 암석 판을 움직이는 것이다.

5. 맨틀 위를 둥둥 떠다니며 암석 판이 부딪치면 땅덩어리가 불룩 솟아오르면서 산맥이 되기도 하고 땅이 흔들리고 갈라지면서 지진이 일어나기도 한다.

6. 땅속 깊은 곳에는 암석이 녹아 끈적끈적해진 마그마가 있는데, 움직이는 암석 판이 서로 부딪치면 마그마가 지각의 약한 곳을 뚫고 밖으로 뿜어져 나오면서 화산 폭발이 일어난다.

7. 암석 판이 움직이고, 산맥이 만들어지고, 지진이 일어나고,

화산이 폭발하는 것은 모두 지구가 살아 있다는 증거다.

2. 이 책에서 가장 인상 깊었던 내용 쓰기

이번에는 이 책을 읽고 가장 인상 깊게 느껴졌던 부분에 대해 글로 쓰는 연습을 해 보겠습니다. 책을 읽고 가장 인상 깊었던 점은 독서록의 느낀 점을 쓸 때 단골손님으로 등장하지요. 인상 깊었던 점을 대충 쓰면 정말 볼품없는 글이 되지만, 깊이감 있고 입체감 있게 쓰면 인상 깊었던 점만으로도 아주 특별하고 근사한 독서록을 완성할 수 있답니다. 그러기 위해서는 이 책을 통해 알게 된 사실에 내가 이미 알고 있던 지식을 잘 결합하여 풍부한 내용으로 채워 나가야 해요.

예시문

이 책에서는 지구가 살아 있다는 증거를 여러 가지 제시하지만, 저는 그중에서도 쓰나미 부분이 가장 인상 깊었습니다. 바다 밑에서 지진이 일어나면 어마어마하게 큰 파도가 만들어지는데 이것이 바로 쓰나미예요. 쓰나미의 위력은 후쿠시마 원전을 덮친 뉴스를 봤기 때문에 이미 잘 알고 있어요. 저는 그것을 일어나서는 안 될 재앙이나 비극이라고만 생각했는데 지구가 살아 있다는 증거라고 하니 기분이 이상했습니다. 지구가 살아 있다는 건 왠지 반갑게 느껴지는데, 화산이나 지진, 쓰나미 같은 무시무시한 자연재해로 살아 있다는 안부 인사를 하지는 않았으면 좋겠습니다.

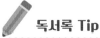 **독서록 Tip**

이 책을 읽고 독서록을 쓰고 싶다면 먼저 이 책에서 어떤 내용을 소개하고 있는지부터 정리한 다음 이 책을 읽고 가장 인상 깊었던 점을 느낀 점으로 덧붙이면 됩니다. 두 가지 모두 글쓰기 수업에서 이미 정리한 바 있기 때문에 전혀 어렵지 않게 쓸 수 있을 거예요.

동물을 잡아먹는 식물도 존재할까?

『내 이름은 파리지옥』을 읽고 글쓰기

이지유 글/ 김이랑 그림 | 해그림

『내 이름은 파리지옥』은 분명 과학책인데 한 편의 애니메이션을 보는 듯한 몰입감이 느껴져요. 바로 개성 강한 캐릭터들 덕분이지요. 못 말리는 공주병 파리지옥과 식물이면서 식물에 대해 아는 것이 없는 수다쟁이 치즈잎, 밀림에서 백년을 산 듬직한 천둥소리가 서로 나누는 대화 안에는 분명 식물에 대한 다양한 정보가 담겨 있지만 그것이 전혀 지루하거나 어렵게 느껴지지 않는 유쾌한 과학 그림책이랍니다.

이 책의 주인공인 파리지옥은 식충 식물이에요. 벌레를 잡아먹는 식충 식물은 왠지 무시무시하고 유별나게 느껴지는데, 이 책에 등장하는 파리지옥은 그렇게 느껴지질 않아요. 일단 이야기도 유쾌하게 전개되는 데다가 그림도 아주 화려하고, 도도한 공주병 캐릭터로 표현되었기 때문에 무시무시하다기보다는 철부지 괴짜처럼 느껴져요. 마지막에 이르러 최후를 준비할 때는 측은함에 마음이 찡해지기도 하고요. 정보와 지식을 전달하는 방법을 장황한 설명이 아닌 웃음과 감동 코드로 접근하는『내 이름은 파리지옥』을 통해 식물에 대한 놀라운 사실을 여럿 습득하게 될 것입니다.

제가 이 책을 아이와 함께 읽었던 때는 외할아버지 댁에 방문한 아이가 정원에서 네펜데스를 본 직후였어요. 외할아버지 댁 정원에서 길쭉한 뭔가를 발견한 아이는 호기심을 보였고, 외할아버지의 설명을 통해 그것이 식충 식물인 네펜데스라는 사실을 알게 되었습니다. 식충 식물의 존재에 대해서는 이미 알고 있었지만 실제로 본 것은 처음이었던 아이가 매우 신기해하는 모습을 보고는 당장 이 책을 주문했지요. 또 책을 다 읽고 나서는 인터넷을 통해 또 다른 식충 식물들을 잔뜩 찾아봤던 기억이 납니다.

책 육아에 대한 강연을 하다 보면 엄마들이 아이에게 필요한 책을 어떻게 골라야 할지 잘 모르겠다는 고민들을 자주 토로하세요. 어떤 책이 좋을지 몰라 자꾸만 누군가가 추천해 주는 책이나 어디선가 꼭 읽어야 한다고 지목하는 책들에 손이 가게 된다고 하면서요. 하지만 아이들은 각자 호불호도 다르고, 읽기 유형과 속도도 달라요. 누군가에게 재미있는 책이 내 아이에게 재미없을 수도 있고, 누군가에게 딱 알맞은 읽기 수준이 내 아이에게는 너무 높거나 낮을 수도 있습니다. 그러니 책을 고를 때는 누군가의 조언이나 추천보다 내 아이의 호불호와 속도에 맞춰야 해요. 방법은 간단합니다. 내 아이가 지금 어디에 호기심을 보이느냐에 관심을 갖고, 그 호기심을 충족시킬 수 있는 책을 골라 보여 준다면 거의 대부분 성공입니다.

책 대화 나누기

만약 아이가 평소에 호기심을 갖고 있던 분야의 책이라면 아이와 나눌 수 있는 책 대화의 내용도 풍부해질 것이고, 그 시간 또한 길어질 거예요. 그래서 책은 아이가 좋아할 만한 주제로 고르는 것이 가장 우선되어야 합니다. 하지만 매번 아이가 좋아하고 호기심을 보이는 책만 읽게 할 수는 없잖아요. 읽으면 좋은 책들이 이 세상에는 너무나도 많으니까요.

흥미와 호기심을 보이지 않는 책에 대해 흥미와 호기심을 불러일으킬 수 있는 가장 확실한 도구가 바로 책 대화예요. 책 대화는 흥미를 증폭시키고 호기심을 해결할 수 있는 데다가 자기표현을 할 수 있는 소중한 기회를 마련하기도 합니다. 하지만 책의 내용을 가지고 서로 말을 한다고 해서 다 책 대화는 아니고, 책의 내용을 바탕으로 해서 서로의 생각을 나눌 수 있는 시간이 되어야 진정한 책 대화라고 할 수 있어요.

　진정한 책 대화를 위해서는 두 가지가 꼭 지켜져야 합니다. 우선 틀린 것을 교정하고 더 나은 것을 제시하는 방식은 안 돼요. 아이의 생각에 틀리거나 부족한 부분이 있다면 다른 방향으로 다시 한번 생각해 볼 수 있도록 또 다른 질문이 제시되어야 합니다. 두 번째는 무조건 즐거운 분위기여야 합니다. 강압적이거나 일방적인 분위기에서는 아이가 자기표현을 잘 해낼 리가 없어요. 틀려도 괜찮고 부족해도 즐거운 분위기가 만들어져야 진정한 책 대화가 이루어집니다.

1. 식충 식물은 왜 곤충을 먹으며 살아가는 걸까?

　일단 식충 식물에서 '식충'이 어떤 뜻인지부터 이야기를 나누어 봅니다. 만약 한자를 배운 아이라면 '식충'을 한자로 '食蟲'이라고 쓰고, 이것은 곤충을 먹는다는 뜻임을 금세 알 수 있을 거예요. 요즘 한자를 배우는 아이들이 많은데, 이런 식으로 활용해야 배운 한자를 어휘력을 키우는 데 쓸 수 있습니다.

　만약 제가 아이와 함께 '식충'이라는 어휘에 대해 대화를 나눈다면 저는 그것의 원래 뜻과 더불어 "그런데 말이야, 사람들에게 '식충이'라는 말을 쓰기도 해. 한자는 똑같이 '食蟲'라고 쓰는데, 이 말은 주로 일은 잘 못 하면서 밥만 많이 먹는 사람을 놀리는 의미로 많이 써. 벌레를 먹는다는 뜻이 아니라 하는 일 없이 밥만 축내는 벌레 같은 존재라는 뜻이지. 이 말을 들으면 정말 기분 나쁘겠다. 그렇지?"라고 이야기하면서 한바탕 웃을 것 같아요. 왜냐하면 아이들은 이런 우스꽝스러운 단어 배우기를 아주 재미있어하거든요.

'식충'이라는 어휘의 뜻을 알았다면 '식충 식물'이 무엇인지는 어렵지 않게 파악하겠지요. 그렇다면 본격적으로 식충 식물이 곤충을 잡아먹는 이유에 대해 이야기 나누어 봅니다. 우리는 보통 식물은 광합성을 하며 스스로 양분을 만든다고 알고 있어요. 그런데 식충 식물은 도대체 왜 곤충을 잡아먹는 것일까요? 그 이유는 책에 잘 나와 있습니다.

2. 파리지옥은 왜 이름이 파리지옥일까?

파리지옥이라는 이름은 왠지 무시무시한 느낌을 주지요. 이 책의 주인공인 파리지옥도 자신의 이름이 파리지옥인 것을 불만스러워 하잖아요. 아이와 함께 왜 이름이 파리지옥일지 예측해 보는 시간을 가져요. 다른 곤충도 잡아먹는데 왜 하필 파리지옥일지에 초점을 맞춰 이야기를 전개해 나가면 됩니다.

그다음에는 파리지옥에게 어울릴 만한 또 다른 이름을 만들어 주세요. 아이가 자유롭게 발상할 수 있도록 모든 의견을 존중하도록 합니다. 그 대신 이름을 말할 때마다 그 이름을 선택한 이유도 꼭 물어봐 주세요. 자신의 생각과 느낌을 구체적으로 표현하는 연습을 많이 하면 할수록 점점 더 섬세하게 표현할 수 있게 됩니다.

예를 들어 '곤충 사냥꾼'이라고 대답했다면 "곤충을 잡으니까요."라고 이유를 설명하는 데 그치면 안 됩니다. 전혀 구체적이지 않잖아요.

"걸려든 사냥감이 별 볼 일 없으면 살려 주고 딱 원하던 사냥감이면 인정사정없이 사냥을 시작하는 모습이 사냥꾼이랑 너무 닮았어요. 곤충 입장에서는 파리지옥에게 한 번 걸리면 그냥 죽음을 각오해야 할 것 같아요."라고 구체적으로 표현하도록 해 주세요.

3. 또 다른 식충 식물에는 어떤 것들이 있을까?

이 책의 주인공이 파리지옥 이외에도 또 다른 식충 식물들이 꽤 많습니다. 벌레먹이말, 통발, 땅귀개, 이삭귀개, 네펜데스, 끈끈이주걱, 끈끈이귀개, 비블리스, 벌레잡이제비꽃 같은 것들이 모두 식충 식물이에요. 인터넷에서 이미지를 찾아보면서 어떤 식충 식물들이 있는지 알아보는 시간을 가지면 좋을 것 같습니다. 파리지옥도 책에 그림으로 표현된 모습과 실제 모습의 느낌이 좀 다를 수도 있으니 실제 모습을 찾아 확인해 보면 더욱 좋아요.

몇몇의 식충 식물의 경우에는 인터넷을 통해 구매하는 것도 가능하니, 이 책을 읽은 뒤 실물을 보고 확인하는 과정까지 거치면 아이에게 더욱더 특별한 인상을 남길 것입니다.

 글쓰기 수업

이 책을 다 읽었다면 파리지옥과 같은 식충 식물들의 특징을 알아야 하는 것은 기본입니다. 거기에서 확장하여 파리지옥처럼 독특한 이름을 갖고 있거나 독특한 방식으로 살아가는 식물에 대해 생각하는 시간을 가져 보는 것도 퍽 의미 있는 시간이 될 것입니다. 전자는 사실적 사고력을, 후자는 확장적 사고력을 키우는 활동이니 두 가지가 순차적으로 이루어진다면 효과 만점이겠지요. 그래서 글쓰기에서 이 두 가지를 순차적으로 해 보도록 하겠습니다.

1. 이 책에서 중요하다고 생각하는 내용 7개 골라 쓰기

파리지옥은 아름답고 향기가 좋지만, 곤충을 잡아먹는 무시무시한 식물입니다. 그렇다면 왜 곤충을 잡아먹고, 언제부터 곤충을 잡아먹기 시작한 것일까요? 또 곤충을 잡아먹는 파리지옥은 얼마나 오랫동안 살 수 있을까요?

이런 질문들에 초점을 맞춰 이 책에서 가장 중요하다고 생각하는 내용 일곱 가지를 정리해 볼 수 있도록 해 주세요. 이 책은 파리지옥을 통해 식충 식물에 대해 이야기하고 있지만, 치즈잎이나 천둥소리를 등장시켜 식물의 기본적인 특징에 대해서도 알려 주고 있어요. 이 부분도 놓치지 않도록 주의를 기울여야 해요.

예시문

1. 파리지옥은 곤충을 먹지 않아도 살 수 있지만 잎을 반들거리게 하고 향기를 더 강하게 뿜기 위해서는 곤충이 필요하다. 다시 말해 곤충은 파리지옥의 비타민이다.
2. 식물은 이산화탄소와 물과 햇빛을 이용해 광합성을 해서 영

양분을 만든다. 광합성을 하는 것은 식물뿐이다.

3. 식물의 잎 뒤쪽에 있는 구멍을 기공이라고 하는데, 기공을 통해 공기가 들어오고 물이 나간다.

4. 식물이 초록색인 이유는 햇빛에 들어 있는 일곱 가지 색 중에서 초록색만 쓰지 않고 돌려보내기 때문이다.

5. 파리지옥의 조상은 늪지대에 살았는데, 햇빛이 모자라 광합성을 충분히 할 수 없었던 탓에 부족한 영양분을 보충하기 위해 곤충을 잡아먹기 시작했다.

6. 파리지옥은 일곱 번째 곤충을 먹고 난 뒤 그 영양소가 다 떨어지면 말라비틀어진다.

7. 파리지옥이 먹은 일곱 번째 곤충은 뿌리에서 자라고 있는 새로운 싹의 양분이 된다. 파리지옥은 그렇게 대를 잇는다.

2. 독특한 이름이나 독특한 생활방식을 갖고 있는 식물 조사하여 쓰기

주제에 맞는 자료를 찾아 중요한 정보 중심으로 정리해 나가는 것은 설명문에 속하는 글입니다. 살다 보면 자료를 찾아 정리해야 하는 일을 자주 하게 됩니다. 학생일 때는 학교에서 과제로 나오고, 직장인일 때는 회사에서 업무로 주어지지요. 그래서 설명문은 생존형 글쓰기라고도 할 수 있어요. 그래서 매우 능숙해질수록 좋습니다.

이번에는 파리지옥처럼 독특한 이름을 갖고 있는 식물을 조사해서 쓰거나, 파리지옥처럼 독특한 생활방식을 갖고 있는 식물을 조사해서 쓰는 활동을 해 보려고 합니다. 둘 중에 한 가지를 골라서 쓰면 돼요. 이때 주의할 점은 인터넷 백과사전에서 그대로 복사해 옮겨 놓으면 안 되고, 조사한 내용을 이해한 뒤 서술형 문장으로 매끄럽게 정리하여 한 편의 글을 완성해야 한다는 것이에요.

예시문 잘못된 예(백과사전에서 그대로 복사해서 옮겨 놓은 글)
−재미있는 이름의 식물−

여우구슬: 줄기는 높이 15~40센티미터이고 붉은빛이 돈다. 잎은 어긋나며 잔가지의 좌우에 두 줄로 달려 겹잎처럼 보인다. 7~8월에 적갈색 꽃이 피며, 적갈색 삭과蒴果를 맺는다. 우리나라, 일본 및 열대와 아열대 지방에 널리 분포한다.

꽝꽝나무: 산기슭에서 자라고, 높이 3미터 정도로 자라며 가지와 잎이 무성하다. 여름에 흰빛의 자질구레한 단성화가 피며, 둥근 열매가 가을에 까맣게 익는다. 주로 정원수로 가꾸며 가구재나 판목版木으로 쓰인다. 경남, 전남, 제주 등지에 분포한다.

개쉽싸리: 높이는 30센티미터 정도이고 아래쪽에서 가는 줄기가 사방으로 뻗는다. 잎은 마주나고 긴 타원형이며 톱니가 있다. 7월에 가지의 잎겨드랑이에서 꽃대가 없는 흰 꽃이 핀다. 강원, 제주, 평북 등지에 분포한다.

-재미있는 이름의 식물-

식물은 여러 가지 이름을 불리는 경우가 많다고 한다. 국제적으로 두루 쓰이는 '학명'과 각 나라에서 그 나라의 언어로 붙인 '지방명'이 따로 있기 때문이다. 우리나라에는 재미있는 이름을 갖고 있는 식물이 많은데, 나는 그중에서 세 가지를 조사해 봤다.

가장 먼저 여우구슬은 구슬처럼 빨간 열매가 줄지어 달려 있는 모습 때문에 생긴 이름이다. 보통 15~40센티미터까지 자라는데, 7~8월에 적갈색 꽃이 핀다. 우리나라와 일본을 비롯해 열대와 아열대 지방에서 살아간다.

꽝꽝나무는 도톰한 잎이 불에 탈 때 잎이 갑자기 팽창하고 터지면서 꽝꽝 소리가 난다고 해서 붙은 이름이다. 높이가 3미터 정도까지 자라며 가지와 잎이 무성한데, 잎은 사계절 내내 푸르다고 한다. 보통 관상용으로 정원에서 키우며, 꽝꽝나무보다 잎이 좀 더 작을 경우에는 '좀꽝꽝나무'라고 부른다.

개쉽싸리는 마치 욕처럼 들릴 수도 있어 이름을 부르기 조심스럽기까지 한데, 사실은 우리나라 전역에서 볼 수 있는 흔한 식물이다. 개쉽싸리는 주로 주로 연못이나 습지, 물가 근처에서 자라기 때문에 연못을 의미하는 한자 '소沼'에 뭉텅이를 의미하는 우리말 '사리'가 더해져 '소사리'라고 불리다가 발음이 '쉽싸리'로 변했고, 쉽싸리보다 좀 더 작다는 의미로 접두사 '개'를 붙여 '개쉽싸리'가 되었다고 알려져 있다. 그러니까 우리가 보통 욕을 할 때 붙이는 '개'와 개쉽싸리 앞에 붙은 '개'는 다른 의미다. 높이는 30센티미터 정도까지 자란다.

식물의 이름은 주로 생긴 모양이나 살아가는 환경을 바탕으로 만들어지는 경우가 많기 때문에 식물의 이름을 알면 식물의 특징도 알게 된다. 그러므로 관심을 기울이고 조사하면 식물에 대해 많은 것을 알 수 있을 것이다.

 독서록 Tip

이 책을 읽고 독서록을 쓰고 싶다면 먼저 식충 식물의 전반적인 특징을 소개한 뒤, 이 책의 주인공인 파리지옥에 대해 더욱더 자세하게 설명하는 내용을 덧붙여 주세요. 그리고 이 책을 읽고 새롭게 알게 된 사실이나, 이 책에서 가장 인상 깊었던 부분을 느낀 점으로 쓰면 됩니다. 새롭게 알게 된 사실을 쓸 때는 책을 읽기 전과 읽고 난 후에 어떤 점이 달라졌는지 비교해서 쓰면 더욱 좋고, 가장 인상 깊었던 부분을 쓸 때는 반드시 그 이유를 곁들여야 합니다.

이끼는 우리에게 어떤 도움을 줄까?

『이끼야 도시도 구해 줘!』를 읽고 글쓰기

강경아 글/ 한병호 그림 | 와이즈만북스

아이와 함께 숲속을 거닐며 즐거운 시간을 보낸 적 있을 거예요. 지나는 길에 땅이나 돌, 나무껍질 등에 자리 잡고 있는 이끼를 발견하면 손가락으로 가리키며 아이에게 "이것은 이끼야."라고 이야기해 준 적도 있을 테고요. 그런데 풀과 나무가 많은 그늘진 곳이라면 자주 눈에 띄는 이끼가 우리에게 얼마나 많은 선물들을 주고 있는지 알고 있나요? 익히 잘 알려진 습도 조절과 공기 정화 역할뿐만 아니라, 소음도 줄이고 열도 차단하며 미세먼지를 걸러내기도 한대요. 비타민과 무기질이 풍부하여 미래 식량으로 각광받고 있기도 하고요. 화려하지 않은 모습을 갖고 있어 별로 주목받지 못하는 이끼가 숲속의 동물들뿐만 아니라 우리 인간이 살아가는 데도 꼭 필요한 존재였어요.

『이끼야 도시도 구해 줘!』는 우리가 알지 못했던 이끼의 매력이 차곡차곡 잘 담겨 있는 책이에요. 그동안 알지 못했던 신기한 사실들을 깨닫게 되는 순간에 느껴지는 쾌감! 과학책의 묘미는 바로 이런 데 있는 것 같아요. 다루고 있는 주제가 우리 생활과 밀접할수록, 그리고 반전의 폭이 클수록 쾌감은 더욱더 커지지요. 『이끼야 도시도 구해 줘!』는 그런 면에서 우리에게 짜릿한 쾌감을 선사합니다. 우리에게 이렇게나 많고도 큰 도움을 주고 있는 이끼인데 그동안 우리는 그것을 너무나도 모른 채 살아가고 있었으니까요. 이 책을 읽은 뒤에는 이끼를 만났을 때 아이와 나눌 수 있는 이야기가 훨씬 많고 내용도 깊어질 거예요.

아마 그동안 이끼에 대한 과학책은 만나 보기 힘들었을 듯합니다. 과학전집에서도 이끼에 대한 책이 포함된 경우를 거의 보지 못했어요. 그래서 더 소중한 책이며, 그래서 아이가 더 흥미롭게 읽을 수 있을 것이라고 예상됩니다.

책 대화 나누기

이끼는 지구상에서 가장 오래 산 생명체 중 하나예요. 책에서 설명하는 것처럼 이끼는 4억 6천만 년 전에 지구에 생겨나 산소를 내뿜으로 뿜어내기 시작했다고 해요. 그 양이 현재 지구 산소량의 30퍼센트나 된다고 하고요. 아마도 이끼가 없었다면 지구상에 생명체가 존재하지 못했을 수도 있었겠어요.

우리가 알고 있는 것보다 훨씬 많은 일을 하면서 지구 생태계에 많은 혜택을 주고 있는 이끼에 대해 자세히 알아볼 필요가 있을 것 같아요. 책 대화를 통해 이끼의 특징과 활약상에 대해 깊이 생각하는 시간을 가져 보세요.

1. 이끼는 어디에서 어떤 모습으로 살아가고 있을까?

이끼의 특징과 활약상에 대해 본격적으로 이야기 나누기 전에 먼저 이끼를 직접 보거나 만졌던 경험을 떠올려 보세요. 독서를 할 때 직접 보고 겪은 경험을 적용하면 훨씬 더 깊은 인상을 받아 독서 효과가 커져요. 만약 아직 직접 경험해 보지 못한 주제라면 책을 읽고 난 뒤 직접 경험해 볼 수 있는 기회를 만들어 줘도 같은 효과를 거둘 수 있어요. 물론 직접 경험하는 것이 가능한 주제에 한해서겠지요.

이끼는 당연히 직접 경험이 가능한 주제입니다. 이전에 어디에 가서 무엇을 하다가 이끼를 보았었는지, 그때 서로 나눴던 대화는 무엇이었는지 떠올리면서 생생하게 이야기를 나눠 보세요. 당시의 재미있었던 에피소드를 떠올려 이야기 나누는 것도 좋습니다. 손으로 만져 보고 냄새를 맡는 등 오감을 활용했던 경험이라면 더욱 기억에 남겠지요.

그러면서 이끼에 대해 다양한 이야기를 나누기에 충분한 분위기를 만들어 주는 거예요.

만약 아직 이끼를 직접 본 경험이 없다면 인터넷을 통해 이미지나 동영상을 찾아 아이에게 실제 이끼의 모습을 보여 주세요. 먼저 이끼가 어디에서 어떤 모습을 살아가고 있는지 확인해야 이끼에 대한 정보를 빠르게 흡수할 수 있을 테니까요. 이 책의 그림이 세밀하게 표현되어 있는 편이기는 하나, 그래도 실물의 느낌과는 좀 다를 수밖에 없어요.

2. 내가 살던 곳이 갑자기 사라진다면 어떻게 될까?

아침 이슬을 마시러 나온 달팽이는 놀라운 광경을 목격하지요. 두툼한 초록 양탄자 같던, 개울물을 맑게 걸러 주고 자동차 매연을 걸러 주던 이끼가 갑자기 사라졌거든요. 혼란에 빠진 것은 달팽이뿐만이 아니었어요. 이끼를 먹이로 살아가던 동물들, 이끼를 보금자리로 활용하던 동물들이 모두 어찌할 바를 몰라 했어요. 어느 날 갑자기 나타난 트럭이 나무를 베기 시작하자 땅이 마르고 이끼가 사라지면서 벌어진 일이에요.

이처럼 건물을 짓기 위해 자연을 훼손하면서 자연이 파괴되는 일은 어제오늘의 일이 아닙니다. 자연이 파괴되면 자연 속에서 살아가던 동식물은 하루아침에 삶의 터전을 잃고 말아요. 그렇다면 한번 입장을 바꾸어 생각해 볼까요? 내가 지금 살고 있는 마을에 어느 날 외계인들이 나타나 각종 무기로 마을을 파괴한다면 어떤 심정일지에 대해 말이에요. 인간의 편리한 삶을 위해 희생당하고 있는 동식물들의 입장을 헤아려 보는 시간이 될 거예요.

3. '구르는 돌에는 이끼가 끼지 않는다.'라는 속담은 어떤 뜻일까?

우리나라에 '구르는 돌에는 이끼가 끼지 않는다.'라는 속담이 있어요. 보통 열심히 노력하고 부지런히 일하는 사람들은 그 능력이 쇠퇴하거나 침체하지 않는다는 의미로 쓰이지요. 그런데 참 이상해요. 이끼는 우리에게 많은 도움과 혜택을 주는데, 왜 이끼를 이렇게 부정적인 의미로 해석하는 것일까요?

그런데 영국에도 '구르는 돌에는 이끼가 끼지 않는다.'라는 속담이 있어요. 영어로 'A rolling stone gathers no moss.'라고 하지요. 하지만 영국에서는 우리나라와 다른 의미로 해석된다고 합니다. 영국 속담에서는 이끼가 연륜이나 성취, 업적 같은 것을 의미하기 때문에 한 분야에서 꾸준히 연구하고 몰두하지 않으면 뭔가를 이뤄내지 못한다는 의미를 담고 있어요. 옥스포드 영어사전에서도 'A rolling stone gathers no moss.'는 'One who constantly changes his place or employment will not grow rich.'라고 해석하고 있으며, 이것을 우리말로 '자신의 사회적, 직업적 위치를 자주 바꾸는 사람은 성장할 수 없다.'라고 번역할 수 있지요.

아이에게 우리나라에서 해석되는 뜻과 영국에서 해석되는 뜻을 비교해서 설명해 준 뒤, 어떤 의미로 해석되는 것이 더 알맞을지 의견을 들어 보세요. 물론 그렇게 생각하는 이유에 더 주목해야 하는 것은 이 질문도 마찬가지입니다.

 글쓰기 수업

『이끼야 도시도 구해 줘!』는 앞의 다른 과학책과는 달리 책 대화에서 내용을 한 번 더 정확하게 되짚어 보는 질문보다는 아이의 생각을 묻는 질문이 주를 이루었어요. 이끼 자체에 대한 정보도 중요하지만, 아무래도 이끼는 자연스럽게 환경 문제로 이어질 수밖에 없기 때문에 두 마리 토끼를 모두 놓치지 않기 위해 질문의 내용을 좀 달리 해 봤어요.

하지만 글쓰기에서는 이 책 역시 정확한 내용을 꼭 되짚어 볼 수 있도록 주요 내용 정리하기를 우선적으로 시도할 것입니다. 그러고 나서 4컷 만화를 통해 과학만화 창작에 도전해 보도록 하겠습니다.

1. 이 책에서 중요하다고 생각하는 내용 7개 골라 쓰기

앞부분은 삶의 터전을 잃은 동물들의 사연이 동화처럼 전개되고, 뒷부분은 이끼에 대한 자세한 내용을 추가로 설명해 주는 내용이 등장합니다. 이 책의 주요 내용을 정리할 때는 이 두 가지를 모두 놓치지 말아야 합니다. 특히 동화 부분의 내용을 정리할 때는 정보 부분

만을 잘 골라내어 간략하게 요약해야 해요. 자칫하다가는 동화의 내용을 그대로 갖다 옮기는 실수를 할 수도 있는데, 그렇게 되면 주요 내용이 명확하게 전달되지 않기 때문에 주의를 기울여야 합니다.

예시문

1. 개울 속에 있는 이끼는 물속의 해롭고 더러운 것들을 걸러 맑은 물로 바꿔준다.

2. 이끼가 만든 부식토에서 나무들이 쑥쑥 자라 울창한 숲을 이룬다. 또한 이끼는 숲속 동물들의 먹이가 되기도 하고 보금자리가 되기도 한다.

3. 이끼에 있는 페놀릭 성분은 피를 멈추게 하고 상처를 덧나지 않게 하기 때문에 숲속 동물들의 상처 치료에 쓰이기도 한다.

4. 이끼는 그늘지고 서늘하며 습한 곳에서 자란다. 대부분의 이끼는 1~10센티미터로 작고 물과 영양분을 온몸으로 흡수한다.

5. 환경 지표종인 이끼는 환경오염이 심각해지면 조금 늦게 자라거나 성장을 멈추거나 말라 죽어 환경오염의 심각성을 알려 준다.

6. 이끼는 자기 몸무게의 5배 정도의 물을 몸에 가둬둘 수 있기 때문에 큰비가 내릴 때 홍수와 산사태를 막아 준다.

7. 이끼는 소음을 줄이고 열을 차단하며 미세먼지를 걸러내고 대기 중의 공해를 감지하기 때문에 도시의 환경 문제를 해결할 답을 찾을 수 있다.

2. 이끼가 사라지면 숲속에는 어떤 일이 벌어질까?

이끼가 사라지면 어떤 일이 벌어지는지를 이 책을 통해 잘 알게 되었을 거예요. 그렇다면 이번에는 이 책을 통해 알게 된 정보에 아이만의 상상을 결합하여 이끼가 사라지면 어떤 일이 벌어질지 스토리를 창작해 보려고 해요. 그 내용을 글로 써 보면 더 좋겠지만, 아이들은 글로 쓰는 것보다 만화로 그릴 때 더 재미있고 기발한 스토리를 창작해 낸답니다. 아직까지 아이들은 글보다는 그림으로 표현하는 것을 더 편하게 생각하고 더 즐기는 것 같아요.

그래서 이번에는 4컷 만화로 이끼가 사라졌을 때 벌어질 만한 상황을 표현해 보도록 할게요. 일단 과학적인 사실을 바탕으로 해야 하기 때문에 내용에 오류가 있어서는 안 됩니다. 캐릭터나 스토리를 설정할 때도 과학적인 사실에서 벗어나면 안 되지요. 그 테두리 안에서 자유롭게 설정하고 창작하면 됩니다. 내용이 재미있으면서 과학적인 정보까지 전달해 준다면 최고의 과학만화가 탄생할 수 있어요.

그림으로 그리면 글쓰기 훈련이 전혀 안 될 것이라는 걱정은 하지 않아도 돼요. 일단 말풍선과 지문은 글로 표현해야 합니다. 또 내용을 적절한 분량에 맞춰 구성하는 것 자체가 글쓰기를 할 때도 필요한 과정인데, 4컷 만화를 통해 연습하면 글로 쓸 때보다 즐기면서 그 기능을 익혀 나갈 수 있어요.

환경 오염이 심해져서
사람들에게 위험을
알리는 이끼들. 하지만
사람들은 거들떠
보지도 않는다.

4주 뒤 말라죽은 이끼들

큰비가 내리고
산사태가 일어나려고 하자
숲속 동물들이 이리 저리
피하면서 걱정한다.

산사태가 일어나고 혼란에 빠진 사람들.
어디선가 이끼의 포자가 날아와
인사하며 떠난다.

하남초등학교 이도경

독서록 Tip

이 책을 읽고 독서록을 쓰고 싶다면 먼저 이 책에서 소개하고 있는 이끼의 특징과 역할에 대해 정리한 뒤, 이 책을 통해 이끼에 대해 새롭게 알게 된 사실을 덧붙이면 됩니다. 그리고 마지막에 앞으로 이끼를 보호하기 위해 어떤 노력을 기울일지에 대해 쓰면 아주 훌륭한 독서록을 완성할 수 있어요.

학교 과제로 나오는 글쓰기 지도법 4

기행문 쓰기,
'감상' 부분에서 승부를 걸어야 한다

기행문은 여행을 다녀온 경험을 쓰는 글이에요. 기행문은 보통 체험 학습 보고서를 쓸 때 가장 많이 활용되는데, 체험 학습 보고서를 형식적으로 제출하는 경향이 있어서 그런지 아이들이 최선을 다해 쓰지는 않는 것 같습니다. 하지만 초등학교 5학년 국어 교과서에 기행문 관련 단원이 등장하는 데다가, 기행문 역시 좋은 글쓰기 훈련이 되기 때문에 형식에 맞춰 열심히 써 볼 필요가 있어요.

기행문을 이루는 요소는 여정, 견문, 감상입니다. 언제 어디를 여행했는지에 대한 여정, 여행하면서 무엇을 보고 듣고 겪었는지에 대한 견문, 그런 과정을 통해 어떤 느낌을 받았는지에 대한 감상을 꼼꼼히 정리하면 되지요. 처음, 가운데, 끝으로 나눈다면 여행을 떠나게 된 동기를 처음에 쓰면 되고 여정과 견문에 대한 내용을 가운데에 쓴 뒤, 여행을 하면서 느끼고 생각했던 감상을 끝에 쓰면 됩니다.

사실 기행문은 난도가 높은 글쓰기는 아니에요. '일기'라는 장르에 '여행'이라는 양념을 쳐놓은 글이라고 할 수 있어요. 그래서 여행을 다녀온 경험을 일기처럼 쓰면 됩니다. 앞에서 일기는 경험했던 일 중 특별한 한 가지 일에 집중해서 깊이 있게 파고드는 것이 좋다고 했는데, 기행문은 여행의 과정(여정)이 고스란히 드러나야 하기 때문에 다녀온 곳들을 차례대로 열거해야 한다는 점은 일기와 좀 다른 점이라고 할 수 있어요.

기행문을 쓸 때 여정이나 견문은 아이가 경험한 그대로 정리하면 되기 때문에 엄마가 기억을 떠올릴 수 있도록 도와주면 어렵지 않게 쓸 수 있을 거예요. 역시나 기행문에서도 '감상' 부분이 관건이 된답니다. 여행을 하면서 눈으로 보고 귀로 듣는 것 자체는 누구나 비슷비슷하기 때문에 그것만 좇는 글은 재미도 없고 수준도 높지 않거든요. 보고 들으면서 '무엇을 느꼈는지'를 멋지게 표현할 수 있어야 독창적이면서도 작품성 있는 글을 완성할 수 있습니다.

예를 들어 현충사를 다녀온 뒤 그 감상에 대해 '우리나라에 이순신 장군이 있다는 것이 자랑스러웠다.' '원래도 존경하는 인물이었지만 더 존경하게 되었다.'에서 머무르면 수준 높은 기행문을 완성할 수 없어요. 이것은 누구나 다 느끼는 점이며 그래서 누구나 다 쓸 수 있는 수준의 글이니까요. 좋은 글을 쓰고 싶다면 기기에서 한 단계 더 깊게 들어가야 합니다.

이 또한 엄마의 도움이 절실한데, 아이가 확장해서 생각해 볼 수 있도록 적절한 질문을 던지는 것이 중요해요. 예를 들어 아이가 감상 부분을 '원래도 존경하는 인물이었지만 더 존경하게 되었다.'라고 썼다면, "이순신 장군이 있다는 사실이 왜 존경스러워?" "이순신 장군이 없었다면 어땠을까?" "이번 여행을 통해서 이순신 장군에 대해 달라진 생각이 있어?"라는 질문을 던져 주세요. 그러면 깊이 있는 '감상' 부분을 완성할 수 있을 것입니다.

예시문

나는 우리나라에서 존경하는 인물을 꼽으라면 망설임 없이 이순신 장군을 선택한다. 우리나라 장군들 중에서 이순신 장군처럼 백성을 사랑하는 사람이 또 있을까 싶기 때문이다. 그래서 이순신 장군의 사당인 현충사를 꼭 가 보고 싶었는데, 마침 이번 가족여행에서 현충사를 들르기로 해서 너무 기뻤다. (처음-동기)

현충사는 1706년(숙종 32) 지방 유생들이 조정에 건의하여 세웠다고 한다. 현충사에는 정문인 충무문, 입구에 세워진 홍살문, 이순신의 영정을 모신 현충사 본전으로 들어갈 수 있는 충의문이 있었다. 이 문들을 거쳐 현충사 본전으로 들어갔는데, 그곳에는 이순신 장군이 만든 거북선 모형과 이순신 장군이 임진왜란 중에 쓴 『난중일기』, 또한 이순신 장군이 전쟁에서 사용했던 각종 무기가 보존되어 있었다. 이런 것들을 둘러보니 백성을 지키기 위해 보잘것없는 군사력으로 일본에 맞선 이순신 장군의 용맹함이 온몸으로 느껴졌다. (가운데-견문 및 여정)

이순신 장군은 늘 내가 가장 존경하는 인물이었지만 이번 여행을 통해 이순신 장군의 진가를 더 확실하게 알게 되었다. 자신의 출세보다는 백성의 안전과 평화를 더 중요하게 생각한 이순신 장군 덕분에 지금의 대한민국이 존재할 수 있었던 것 같다. 지금 내가 강해진 대한민국에서 편히 살 수 있게 된 것을 감사하게 생각하며 하루하루 열심히 살아가야겠다. (끝-감상)

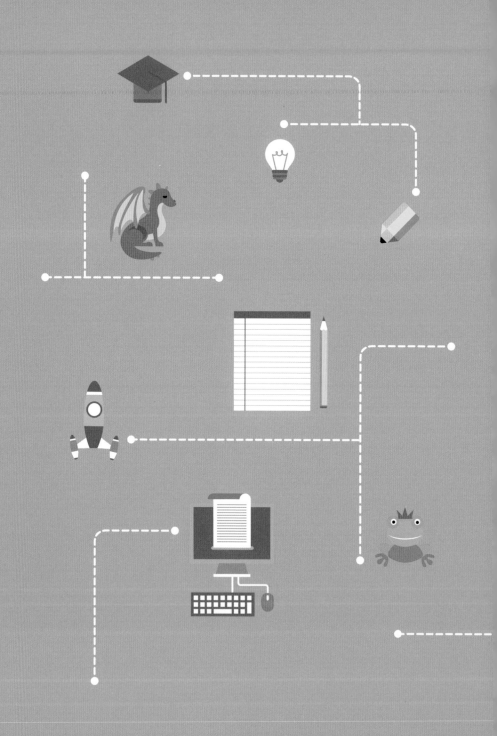

Chapter 5

철학책
제대로 읽고
제대로 글쓰기

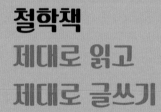

철학책을 읽었지만
삶의 지혜를 실천하지 못하는 아이들

★   저는 학창 시절만 해도 소설책을 참 좋아했습니다. 키가 큰 편이었던 저는 늘 교실에서 맨 뒷자리에 앉곤 했는데, 수업 시간에 몰래 소설책을 꺼내 놓고 읽었던 기억이 아직도 생생해요. 그중에서도 『바람과 함께 사라지다』라는 책은 한 권에 500페이지가 넘는 것이 상, 중, 하로 나뉘어 있었는데 하루 만에 다 읽었을 정도로 감동의 물결이었어요. 책을 어찌나 재미있게 읽었는지 영화로 보았을 때 그것이 너무 시시하고 실망스러울 정도였지요.

그런데 사회생활을 시작하면서는 제 삶의 방향을 책으로부터 찾고 싶었는지 자기계발서를 많이 읽게 되었습니다. 관심이 가는 주제에 대해 논하는 인문서도 많이 읽었던 것 같아요. 나름 보고 배운 것이 많았고, 그 덕분에 한동안 인터넷 서점 장바구니에는 늘 자기계발서와 인문서가 가득 담겨 있었어요.

최근에는 주로 철학책을 많이 읽습니다. 그렇다고 제가 철학에 조예가 깊은 편은 아니어서 어려운 철학적 담론을 담고 있는 책은 읽지 못하고, 주로 캐주얼한 철학책을 골라 읽고 있어요. 예전에는 철학책은 고리타분하고 어려울 것이라는 편견이 가득했는데, 캐주얼한 철학책들은 흥미로운 내용들을 쉽게 잘 풀어 써놓아 고리타분하지도 않고 어렵지도 않았습니다.

점점 더 철학책의 매력에 빠져드는 이유는 철학책을 통해 깨닫는 삶의 지혜가 가슴 깊이 울리기 때문인 것 같아요. 건강 관리에 비유해서 표현하자면, 자기계발서는 그때그때 내가 불편하거나 부족한 부분을 해소해 주는 약 처방전 같은 느낌이 들어요. 그런데 철학책은 기본적인 체력이나 면역력 자체를 단단하게 만들어 주는 느낌이 듭니다. 감정 체력과 감정 면역력이 단단해지니 어떤 고민이 닥쳐도 강해지고 지혜로워지는 것 같아요.

원래 철학이란 '인간과 세계에 대한 근본 원리와 삶의 본질 따위를 연구하는 학문'입니다. 뭔가 어렵고 애매하지요? 그래서 저는 아이들에게 철학이 무엇인지를 설명할 때 알아듣기 쉽게 '사람들이 지혜롭고 행복하게 살아가는 방법을 연구하는 학문'이라고 이야기해 줘요. 지혜롭게 살아가는 것, 행복하게 살아가는 것은 인생에서 가장 중요한 문제 아니겠어요. 그래서 아이들도 철학책을 읽으면서 지혜롭고 행복하게 살아가는 방법을 터득해 나가야 합니다.

철학책을 읽는 아이들을 볼 때 역시 아쉬움은 있습니다. 철학책을 읽었으면 그 안에 담겨 있는 메시지를 파악하여 기슴 깊이 새기는 과정을 거쳐야 해요. 또한 그것을 일상생활에서 실천으로 옮길 수 있으면 최고의 독서가 되겠지요. 그래야 지혜롭고 행복한 삶에 한 발 더 다가갈 수 있을 테니까요. 하지만 철학책을 창작동화처럼 스토리만 읽어 내려가는 경우가 참 많습니다. 그냥 내용만 읽고 나서 '아, 재미있구나.' 하며 끝내는 거예요. 철학책을 동화책처럼 읽는다면 굳이 장르를 구분할 필요가 없겠지요. 철학책은 철학책답게 읽어야 합니다.

마지막으로 5장에서는 철학책을 읽으며 책 안에 담겨 있는 메시지를 찾아 떠나는 여행을 시도해 볼 거예요. 철학책은 특히나 아이들과 나눌 책 대화가 풍부해서 좋습니다. 그 안에 담겨 있는 메시지를 잘 파악한다면 글쓰기도 어렵지 않고요. 다만 아이가 메시지를 잘 이해할 수 있도록 쉽고 재미있고 공감 가는 언어로 책 대화를 이끌어나가야 가능한 이야기입니다.

창작동화에서는 줄거리 요약, 위인전에서는 인물 소개, 과학책에서는 개념 정리가 핵심적인 미션이었다면 철학책에서는 책의 메시지를 나의 경험에 비추어 되돌아보는 동시에 앞으로의 다짐을 되새겨 보는 시간을 갖는 것이 핵심입니다. 단지 책을 읽고 글쓰기 연습을 하는 경험에서 그치는 것이 아니라 아이의 가치관 형성에도 중요한 순간이 될 수 있기 때문에 많은 정성을 기울이면 좋겠습니다.

WRITING·16

어떻게 사는 것이 행복한 삶일까?

『오스발도의 행복 여행』을 읽고 글쓰기

토마 바스 글·그림/ 이정주 옮김/ 황진희 해설 | 이마주

오스발도는 흥미진진한 모험, 멋진 여행, 위대한 사랑 같은 것은 한 번도 해 보지 못한 아주 평범한 사람이었어요. 다른 사람과 교류하지 않고 아주 작은 방에서 찍찍이라고 부르는 작은 새와 함께 어김없는 규칙 속에서 살아가고 있었지요. 하지만 도시 밖으로 전혀 나간 적도 없고, 다른 사람과 교류하지도 않는 오스발도를 과연 평범하다고 할 수 있을까요? 오히려 평범하지 않은 사람에 속하는 것 같은데요.

아무튼 도시 밖으로 나가본 적도 없고 사람들과 소통하지도 않던 오스발도는 유일한 친구인 짹짹이 노래를 하지 않자 짹짹을 위해 특별한 화분을 구입해요. 그리고 그 화분 덕분에 처음으로 정글 여행을 시작합니다. 화분 속의 식물이 걷잡을 수 없이 자라서 방을 정글로 만드는 바람에 짹짹이 사라지거든요.

짹짹을 찾아 떠나는 여행 중에 오스발도는 그동안 경험해 보지 못한 일들과 맞닥뜨리며 스스로 변화합니다. 표범과 원주민의 충고도 듣고, 처음으로 불을 피워 정글 속에서 잠이 들기도 해요. 다시 만난 짹짹의 행복을 위해 미련 없이 떠나보낼 수 있는 이해심도 생깁니다. 이웃에 사는 클라라와 소통하기 시작한 것도 큰 변화지요. 이웃에 살고 있음에도 불구하고 전에는 한 번도 눈여겨본 적이 없었고 이야기를 나눈 적도 없었거든요. 심지어 바로 옆에 스쳐 지나갈 때도요. 클라라와 소통하는 오스발도의 표정이 참 행복해 보이지 않나요? 이렇듯 행복은 스스로의 마음가짐과 행동에 따라 전혀 다른 양상으로 다가옵니다.

이 책을 통해 아이들과 '더불어 사는 삶', '어우러져 사는 삶'에 대해 이야기를 나눠 볼 수 있어요. 인간은 사회적 동물이라고 하잖아요. 혼자 살아가는 것보다는 더불어 살아가고 어우러져 살아갈 때 사람들은 더 행복해질 수 있어요.

책 대화 나누기

앞에서 이야기한 것처럼 철학책은 조금만 고민하면 아이들과 나눌 책 대화를 아주 많이 만들어낼 수 있어요. 그리고 엄마가 어떤 질문을 던지느냐에 따라 아이가 책을 이해하는 깊이나 책을 통해 성장하는 정도가 크게 좌우되지요. 아래에서 제시하는 예시 질문 3개 이외에도 아이와 나눌 수 있는 책 대화를 풍성하게 만들어 한 권의 책을 입체적으로 접근할 수 있는 기회를 만들어 보세요.

1. "눈을 좀 더 크게 떠 봐요!"라는 표범의 충고는 어떤 의미일까?

쩍쩍을 찾아 정글로 들어간 오스발도는 태어나 처음으로 우람한 표범과 맞닥뜨리게 돼요. 하지만 용기를 내어 쩍쩍의 행방을 물었지요. 그랬더니 표범은 "새들은 이곳에 수천 마리나 있어요. 눈을 좀 더 크게 떠 봐요!"라고 충고했어요. 과연 표범은 어떤 생각으로 이런 충고를 했던 것일까요? 혹시 세상과 단절된 채 주변의 다른 것들을 보지 않고 살아가는 오스발도에게 마음을 열고 주변을 살펴야 진정으로 원하는 것이 이루어진다는 사실을 알려 주고 싶었던 것은 아닐까요?

그렇다면 오스발도는 과연 표범의 충고를 받아들였을까요? 답은 뒷부분 오스발도가 쩍쩍을 찾는 장면에 나옵니다. '오스발도는 눈을 크게 떴어요. 그러자 나무 꼭대기 가지 끝에 앉아 있는 자신의 작은 새가 보이는 게 아니겠어요!'라는 내용이 나오면 아이에게 "아! 표범의 충고대로 눈을 크게 떴더니 쩍쩍이 보이네."라고 이야기해 주세요.

2. "귀를 좀 더 기울여 봐요!"라는 원주민의 충고는 어떤 의미일까?

오스발도는 짹짹을 찾던 중 원주민과도 처음으로 만날 수 있었어요. 그에게 짹짹의 행방을 물었더니 역시나 "새들은 이곳에 수천 마리나 있어요. 이봐요, 귀를 좀 더 기울여 봐요!"라고 충고했어요. 마찬가지로 주변에서 벌어지는 일과 주변 사람들로부터 차단된 채 살아가는 오스발도의 삶의 방식을 바꿔 보라는 의미가 담긴 충고겠지요.

오스발도는 이 충고 역시 받아들입니다. 귀를 쫑긋 세웠더니 짹짹의 소리가 들리기 시작한 거예요. 이 부분에서는 오스발도가 원주민의 충고를 받아들여 주변의 소리에 귀를 기울였더니 짹짹을 찾을 수 있었음을 짚어 주세요. 이것은 이 책에서 아주 중요한 메시지입니다. 눈을 크게 뜨고 귀를 기울이면서 집으로 돌아온 오스발도가 이웃에 사는지도 몰랐던 클라라를 보게 되고 그녀와 대화도 나누게 되니까요.

3. 정글로 떠난 짹짹은 오스발도의 걱정대로 외로웠을까?

표범과 원주민의 충고를 듣고 나서 다시 짹짹을 찾아 떠나던 오스발도는 혼자 있을 짹짹이 외로울까 봐 걱정이 가득했습니다. 하지만 정작 정글에서 만난 짹짹은 그곳에서의 삶이 행복하다고 했어요. 당연히 멈추었던 노래도 다시 시작하게 되었고요. 왜 짹짹은 그동안 살던 오스발도의 집보다 정글에서 더 행복함을 느꼈을지 이야기를 나눠 보세요.

짹짹을 정글에 두고 온 오스발도의 삶에도 큰 변화가 생겼는데, 귀를 열고 눈을 크게 뜨니 이웃에 사는 사람이 보이기 시작한 거예요. 앞으로 오스발도는 어떤 삶을 살아가게 될까요? 이전보다 더 행복해질까요, 아님 찍찍이 없어서 불행해질까요? 이에 대해 아이는 어떤 생각을 가지고 있는지 귀를 열고 눈을 크게 뜬 채로 책 대화를 진행해 보세요.

글쓰기 수업

모험, 여행, 사랑 따위는 하지 않고 심지어 이웃 사람과도 전혀 교류하지 않고 살아가던 오스발도는 왜 찍찍을 그토록 소중하게 챙겼던 것일까요? 그토록 소중하게 여기던 찍찍이 노래를 하지 않기 시작했을 때, 그리고 어느 날 갑자기 집에서 사라졌을 때 오스발도의 심정은 어땠을까요? 어렵게 찾은 찍찍을 떠나보낼 때의 심정은 어땠을까요?

이에 대한 자신의 생각을 글로 써 보면서 이 책의 주제에 접근하는 시간을 가져 볼게요.

1. 주인공 오스발도에게 생긴 일 쓰기

스토리가 있는 책을 읽었다면 기본적으로 줄거리 요약을 할 수 있어야 합니다. 그런데 이미 창작동화 편에서 줄거리를 요약하는 연습을 많이 했으니, 이번에는 주인공에게 어떤 일이 벌어졌는지를 요약하는 연습을 해 볼게요.

시실 스토리가 있는 책들은 주인공에게 벌어진 일이 줄거리의 큰 맥락을 이루기 때문에 내용상으로는 큰 차이가 나지 않을 수도 있어요. 그런데 신기하게도 아이들에게 줄거리를 요약하라고 하면 매우 힘들어하고 어려워하지만, 주인공에게 어떤 일이 벌어졌는지 정리해 보라고 하면 별 어려움 없이 그것을 해냅니다. 좀 더 구체적으로 방향을 제시하는 미션이어서 그런 것 같아요.

예시문

오스발도는 모험도, 여행도, 사랑도 하지 않은 채 짹짹이라고 부르는 새와 단 둘이 살아갔습니다. 그런데 어느 날 짹짹이 노래를 부르지 않기 시작해요. 오스발도는 짹짹을 위해 화분을 하나 사서 선물하는데, 이튿날 화분 속 식물이 집 안을 정글로 만들어 버리면서 짹짹이 사라집니다.

오스발도는 식물과 넝쿨을 뛰어넘으며 짹짹을 찾아 헤매다가 어느새 정글까지 가 버렸어요. 표범에게 짹짹의 행방을 묻자 표범은 눈을 좀 더 크게 뜨라고 충고했고, 원주민에게 짹짹의 행방을 물었더니 원주민은 귀를 좀 더 열라고 충고했어요. 이 둘의 말대로 귀를 좀 더 열고 눈을 좀 더 크게 뜨니 짹짹이 보였어요. 하지만 짹짹은 정글에서 사는 것이 더 행복하다고 했고, 오스발도는 짹짹의 행복을 지켜 주기 위해 혼자 집으로 되돌아옵니다. 집으로 돌아온 뒤 오스발도는 한 번도 소통하지 않았던 이웃에게 마음을 열게 됩니다. 정글 모험을 통해 귀를 열고 눈을 크게 뜨면 내가 찾는 행복과 마주할 수 있다는 사실을 깨닫게 된 거예요.

2. 나는 어느 때 가장 행복한지, 또한 그 행복을 오래오래 누리기 위해서는 어떤 노력이 필요할지 쓰기

먼저 아이에게 '행복'이 무슨 뜻인지 물어보세요. 우리가 일상생활에서 아주 흔히 쓰는 어휘도 막상 그 뜻을 말이나 글로 표현하려고 하면 어떻게 표현해야 할지 헤매는 경우가 많아요. 그래서 흔히 쓰이는 어휘의 뜻을 말과 글로 표현해 보는 연습을 하는 건 아주 유익한 활동이 됩니다. 아이가 행복의 뜻을 이야기했다면 함께 사전을 찾아보면서 정확한 뜻을 확인해 주세요.

그다음 아이가 어느 때 가장 행복한지 글로 쓰는 시간을 가져 봅니다. 또 그 행복을 오래오래 누리고 싶다면 어떤 노력이 필요할지에 대해서도 함께 써 보도록 합니다. 두 가지 내용을 한꺼번에 쓰기 때문에 문장과 문장을 잘 이을 수 있는 기술이 필요해요. 술술 잘 읽히는 좋은 글을 쓰기 위해서는 문장과 문장을 매끄럽게 잘 연결하는 것이 관건이 됩니다.

예시문

나는 가족여행을 할 때가 가장 행복합니다. 새로운 곳에 가서 맛있는 것도 먹고 신기한 것도 구경하면 저절로 기분이 좋아져요. 게다가 가족여행을 가면 가족과 함께 오랜 시간을 같이 있을 수 있고, 또 숙제나 공부를 하지 않아서 좋기도 합니다.

지금의 행복이 영원히 계속되었으면 좋겠어요. 그러기 위해서는 가족 모두가 건강하고, 서로 부족한 점을 채워 주면서 사랑해야 합니다. 평소에 운동도 꾸준히 하고, 음식도 골고루 먹으면서, 각자가 해야 할 일을 열심히 잘하면 우리 가족은 앞으로도 계속 행복할 것입니다.

 독서록 Tip

이 책을 읽고 독서록을 쓰고 싶다면 먼저 주인공 오스발도에게 일어난 일을 차근차근 정리한 다음, 왜 이 책의 제목을 '오스발도의 행복 여행'이라고 지었을지 추측해 보는 내용으로 느낀 점을 채워나가 보세요. 앞으로 오스발도의 생활에 어떤 변화가 일어날지 상상해서 덧붙이면 더욱더 좋은 글이 될 수 있을 거예요.

나이가 들면 어떤 변화가 생길까?

『세상에서 제일 힘센 수탉』을 읽고 글쓰기

이호백 글 / 이억배 그림 | 재미마주

이 책은 세상에서 제일 힘 센 수탉이 늙어가면서 세상에서 제일 술 잘 마시는 수탉이 되어간 사연을 담은 이야기예요. 수탉은 태어나는 순간부터 아주 튼튼해 보였고, 하루가 다르게 늠름한 수탉으로 자라나 곧 세상에서 제일 힘 센 수탉이 되었지요. 이때까지만 해도 세상에 무서울 것이 없고, 무슨 일이든 해낼 수 있을 것 같은 자신감도 있었을 거예요.

하지만 나이를 먹어감에 따라 점점 약하고 보잘것없어지는 자신의 모습을 발견하고는 수탉은 절망에 빠집니다. 늙어가면서 우리가 필연적으로 받아들여야 하는 부분이지요. 하지만 수탉은 그것을 받아들이지 못한 채 술로 마음을 달래며 약해진 자신의 모습을 비관한 채 살아가요. 저도 나이가 점점 들어가고 있어서 그런지 수탉의 심정이 충분히 공감이 가기는 합니다. 아내의 도움으로 무기력함에 벗어나는 모습은 감동이 느껴지기도 했고요.

『세상에서 제일 힘 센 수탉』은 자칫 딱딱하고 지루할 수 있었던 사람의 일생 이야기를 '수탉'이라는 주인공과 정감 있는 그림을 통해 따뜻하게 전달하고 있어요.

 책 대화 나누기

이 책은 보통 창작동화로 분류합니다. 하지만 저는 이 책을 통해 아이들이 나이가 든다는 것, 멋있는 어른이 된다는 것에 대해 깊이 생각해 볼 수 있다는 점에서 철학책으로 분류하는 것이 맞다는 판단이 섰어요. 멋지고 행복하게 나이 들기 위해서는 어떤 마음가짐이 필요할까요? 책 대화를 통해 그 답을 찾아보도록 해요.

1. 세상에서 제일 힘 센 수탉이 동네에서 제일 술을 잘 마시는 수탉이 된 까닭은 무엇일까?

세상에서 제일 힘센 수탉은 자신보다 더 힘이 센 수탉이 나타나자

그때부터 동네에서 제일 술을 잘 마시는 수탉이 되었습니다. 세상에서 제일 힘 센 수탉보다 더 힘 센 수탉이 나타났다는 것은 세상에서 제일 힘 센 수탉에게는 어떤 의미였을까요? 술을 마시며 과거를 회상하는 것 이외에 이 위기를 극복할 수 있는 다른 방법은 없었을까요?

이런 이야기들을 나누면서 엄마, 아빠가 어렸을 때와 한창 젊었을 때 이야기를 들려주는 것도 아주 좋습니다. 미숙하고 어설펐지만 자신감이 충만하고 꿈도 많았던 그 시절 이야기를 들려주면서, 지금은 나이가 든 대신 삶의 지혜와 마음의 여유가 생겼다는 사실도 알려 주세요. 이런 대화를 통해 누구나 나이가 들고 그 나이에 맞춰 살아가는 인생이 있다는 사실을 아이가 깨닫게 될 거예요. 또한 아이들은 의외로 엄마 아빠의 어린 시절 이야기 듣기를 좋아하니 그 자체만으로도 즐거운 대화 시간이 됩니다.

2. 만약 수탉의 아내가 수탉을 위로해 주지 않았다면 수탉은 어떻게 되었을까?

울음소리도 우렁차게 나오지 않고 고기도 잘 씹히지 않고 술도 많이 마실 수가 없어 절망에 빠진 수탉에게 수탉의 아내는 건강하게 잘 자라고 있는 손자들과 손녀들, 힘 센 아들들과 알을 잘 낳는 딸들을 보여 주며 여전히 세상에서 제일 힘 세고 행복한 수탉이라는 사실을 일깨워 줘요. 아내의 이야기를 듣고 다시 웃음을 되찾은 수탉은 대가족과 함께하는 성대한 환갑잔치를 맞이했지요.

만약 수탉이 절망에 빠졌을 때 아내가 따뜻하게 위로해 주지 않고 술 좀 그만 마시라고 잔소리만 하거나, 늙으면 다 그런 거지 혼자만 유난을 떤다고 비난했다면 수탉의 운명은 어떻게 달라졌을지 이야기 나누어 보세요. 아이에 따라 우울증이 심해져 자살했을 것 같다, 노숙자가 됐을 것 같다, 매일 부부싸움을 하다가 경찰서로 끌려갔을 것 같다고 좀 강하게 이야기하는 경우도 있습니다. 그런데 현실에서 분명히 있을 수도 있는 일이잖아요. 책 대화를 할 때는 아이의 의견을 충분히 존중하되, 반드시 그렇게 생각하는 이유까지 이야기할 수 있는 기회를 줘야 합니다. 그렇게 생각하는 이유가 바로 논거가 됩니다.

3. 만약에 나라면 자신의 늙은 모습 때문에 절망하고 있는 수탉을 어떻게 위로해 줄까?

수탉의 아내는 자신들의 젊은 시절처럼 열심히 살아가는 자녀의 모습과 건강하게 자라나는 손주들의 모습을 보여 주며 수탉을 위로해 줬지요. 그렇다면 과연 아이는 절망에 빠진 수탉에게 어떤 위로의 말을 들려주고 싶어 할까요? 아이에게 수탉이 앞에 있다고 생각하고 위로의 말을 해 볼 것을 권해 보세요. 이때 상황극처럼 엄마가 수탉의 역할을 맡아 대화가 오고 갈 수 있도록 하면 더욱 좋습니다. 예를 들면 이렇게요.

아이: 수탉아, 젊었을 때처럼 늘 힘이 셀 수는 없어. 나이가 들면 그

나이에 맞게 살아가야 해.

엄마 : 그래도 난 계속 힘이 센 수탉으로 남고 싶어. 그래서 운동을 얼마나 열심히 했는데.

아이 : 꾸준히 노력하는 것은 좋지만, 그래도 젊었을 때처럼 힘이 셀 수는 없지. 우리 몸은 늙으면 힘이 약해질 수밖에 없어.

엄마 : 그럼 이젠 난 무슨 재미로 살지?

아이 : 세상에서 제일 힘 센 수탉은 될 수 없지만, 세상에서 제일 재미있는 할아버지 수탉이 되어 보는 것은 어때? 귀여운 손자와 손녀가 저렇게 많잖아.

엄마 : 아, 그럴까? 나는 좋은 할아버지가 될 자신이 있어.

아이 : 그래. 한번 도전해 봐. 응원해 줄게.

엄마 : 응. 고마워.

 글쓰기 수업

이 책은 페이지 수도 적은 데다가 각 페이지마다 적혀 있는 글자 수도 적은 편이에요. 그런데도 주제는 아주 명확하고 내용은 무척 재미있습니다. 그래서 아이들이 글쓰기를 하는 데 아주 적합한 책이라고 할 수 있어요. 책의 주제를 쉽게 이해할 수 있는 데다가 또 재미있기까지 하니 어떤 문제가 주어지든 어렵지 않게 잘 쓸 수 있을 거예요.

아이들과 글쓰기 훈련을 할 때는 『세상에서 가장 힘 센 수탉』과 같이 쉬우면서 재미있는 책으로 시작할 필요가 있습니다. 글쓰기는 독서보다도 더 난도가 높은 활동이기 때문에 그 내용을 완전히 이해할 수 있어야 글쓰기 재료도 충분히 확보할 수 있고, 또 자신감도 장착할 수 있어요.

1. 주인공 수탉에게 생긴 일 쓰기

이 책은 주인공 수탉이 태어나는 순간부터 환갑을 맞이하는 순간까지 군더더기 없이 속도감 있게 전개돼요. 보통은 군더더기들이 끼어드는 탓에 내용이 길어지면서 두서가 없어지는데, 이 책에는 끼어 들 만한 군더더기 내용들이 거의 없기 때문에 아이들이 쉽게 정리할 수 있을 것 같아요.

그래서 저는 이 책을 가지고 아이들과 수업을 할 때 '5문장 이내'로 정리하라는 미션을 줍니다. 핵심 내용만 잘 정리하면 주인공 수탉이 태어나는 순간부터 환갑을 맞이하는 순간까지 5문장 안에 충분히 담을 수 있어요. 한번 도전해 볼까요?

예시문

수탉은 세상에서 제일 힘 센 수탉이었어요. 그런데 어느 날 더 힘 센 수탉이 동네에 나타났고, 그날 이후 수탉은 동네에서 제일 술을 잘 마시는 수탉이 되었지요. 그렇게 점점 늙어가면서 술도 많이 마실 수가 없게 되자 수탉은 절망에 빠졌어요. 그러자 아내가 건강하게 자라고 있는 손자 손녀들,

수탉처럼 힘이 센 아들들, 알을 잘 낳는 딸들을 가리키며 여전히 세상에서 제일 힘 힘 세고 행복한 수탉임을 알려 줬습니다. 얼마 후 수탉은 가족들과 함께 행복한 환갑잔치를 열었어요.

2. 백 살이 되었다고 가정하여 회고록 써 보기

회고록이란 지난 일을 돌이켜 생각하여 적은 기록을 말합니다. 이번에는 아이가 백 살이 되었다고 가정하여 백 살이 된 아이가 과거를 되돌아보는 회고록을 써 볼게요. 아이는 아직 백 살이 되지 않았기 때문에 백 살이 될 때까지의 일들을 당연히 되돌아볼 수 없겠지요. 그러므로 이것은 '가상'입니다. 가상으로라도 자신이 백 살까지 어떻게 살아갈지 한번쯤 상상하는 시간을 가져 보려고 해요. 이런 경험을 통해 나이가 들어갈수록 어떤 느낌이 들지 가늠해 볼 수도 있을 거예요.

가상이지만 회고록이기 때문에 반드시 과거형으로 써야 한다는 사실을 잊지 마세요.

예시문

나는 2012년 경기도 수원에서 태어났어. 이후 수원에서 초·중·고를 졸업한 뒤 미국으로 유학을 갔지. 미국 하버드대학교에 입학한 나는 그곳에서 물리학 공부를 시작했어. 물리학 중에서도 나는 핵 분야를 파고들었는데, 나의 명성이 널리 알려져서 30세의 나이에 미국의 원자핵물리학연구소인 뉴욕의 국립 브룩헤이븐 연구소로 스카우트됐어. 그맘때 결혼도 해서 귀여운 아들과 사랑스러운 딸이 생겼지.

연구소에서 핵 연구에 몰두하여 40세가 되던 해에 핵폐기물 처리 시설을 완성했어. 그 전까지만 해도 핵발전소에는 폐기물 처리 시설이 없어서 폐기물을 특별한 장소에 쌓아 두기만 했었어. 핵발전소가 우리에게 많은 에너지를 만들어 주었지만 폐기물 처리 시설이 없으니 그것은 시한폭탄과도 같았지. 하지만 내가 핵폐기물 처리 시설을 완성함으로써 그런 위험이 사라졌고, 덕분에 나는 한 해에 노벨 평화상과 노벨 물리학상을 동시에 받는 최초의 과학자가 되었단다.

50세가 되었을 때 나는 가족과 함께 한국으로 돌아와 북한의 핵무기를 없애는 역할을 맡았고, 성공적으로 그 역할을 해냈어. 그 결과 내가 55세가 되던 해 우리나라는 통일을 이룰 수 있었지. 이후 나는 은퇴를 하고 가족과 함께 시골에 정착했는데, 아이들은 곧 결혼해서 독립을 했지. 아이들이 떠나니 북적북적 소란스럽던 집이 조용해지더라고. 그래서 강아지를 키우기 시작했고, 어느새 세 마리의 강아지들이 우리의 가족이 되었어. 아내, 강아지와 사는 것도 재미있지만 그래도 늘 내 자식 내 손주 내 증손주들이 보고 싶어. 오늘은 증손주들이 놀러 오는 날이라 설레는 마음으로 기다리고 있는 중이지.

독서록 Tip

이 책을 읽고 독서록을 쓰고 싶다면 먼저 수탉에게 생긴 일을 차례로 정리한 다음, 만약 내가 이다음에 수탉처럼 늙어서 힘이 없어지면 어떤 느낌이 들지 수탉의 심정에 공감하는 내용으로 느낀 점을 채우면 됩니다. 수탉의 아내가 지혜롭게 수탉을 위로해 줬던 것을 언급하며, 엄마나 아빠가 늙었다고 속상해할 때 자신은 어떤 방법으로 위로해 줄지를 느낀 점으로 써도 아주 좋아요.

WRITING·18

상상이 현실이 된다면 어떤 기분이 들까?

『눈사람 아저씨』를 읽고 글쓰기

레이먼드 브릭스 그림 | 마루벌

이 책은 글 없는 그림책입니다. 저는 개인적으로 글 없는 그림책을 아주 좋아해요. 그림책은 그림으로 이야기하는 책인데, 아무래도 글로 친절하게 설명해 놓으면 어쩔 수 없이 글로 내용을 훑고 그림은 대충 넘기게 돼요. 그러면 그림 속에 담겨 있는 의미나 소소한 장치들을 놓치기 십상이지요. 그림에만 온전히 집중할 수 있다는 점에서 글 없는 그림책은 아주 매력적이에요.

아이들은 글 없는 그림책을 저보다도 훨씬 더 좋아해요. 어린아이일

수록 글보다는 그림에 더 많은 관심을 기울이며 집중을 합니다. 그런데 글 없는 그림책은 그림을 보며 내가 해석하고 상상한 스토리를 굳이 글에 끼워 맞출 필요가 없으니 아이들이 좋아할 수밖에 없어요. 만약 아이가 글 없는 그림책을 좋아하지 않는다면 평소에 자신만의 스토리를 마음껏 창작해 볼 기회가 없어서 그런 능력을 갖추지 못했을 가능성이 큽니다. 또 기질적으로 완벽주의적인 성향이 있어 틀리거나 부족한 부분에 대해 두려움을 느껴 차라리 글이 있는 그림책을 더 선호할 수도 있어요. 그런 경우가 아니라면 대부분의 아이들은 글 없는 그림책을 통해 스토리를 마음껏 창작하는 순간을 즐거워합니다.

글 없는 그림책을 읽을 때 주의해야 할 점이 있어요. 엄마가 만들어 놓은 스토리에 아이의 스토리를 억지로 끼워 맞추면 안 돼요. 어른의 시각에서 보면 글 없는 그림책의 스토리는 이미 정해져 있습니다. 그림으로 표현하고 있는 상황과 행동을 눈에 보이는 그대로 이야기하고 끝나거든요. 그것은 상상이 아니라 설명이지요. 어떤 상황에 처하고 어떤 행동을 하고 있는지를 설명하는 데 급급하기 때문에 재미있고 기발하고 독특한 이야기가 만들어질 리 없습니다.

그래서 글 없는 그림책은 어른들보다 아이들이 훨씬 더 재미있게 스토리를 창작해 냅니다. 온갖 말도 안 되는 상상력을 동원하거든요. 그러니 아이가 들려주는 이야기에 귀를 기울여 주기만 하면 됩니다. 글 없는 그림책 읽기는 아이들이 어른들보다 한수 위예요.

책 대화 나누기

『눈사람 아저씨』는 1978년에 영국 랜덤하우스출판사에서 처음 출간되었다고 하니, 벌써 40년 이상이 된 셈이네요. 32쪽짜리 그림책에 168개나 되는 그림이 들어가 있어요. 이 책은 파스텔 톤의 그림이 최고의 묘미입니다. 파스텔 톤 그림은 차가운 눈사람을 따뜻하게 느껴지게 할 뿐만 아니라 현실에서는 절대로 일어날 수 없는 일을 더욱더 환상적으로 느껴지게 하는 마법을 부리고 있어요.

〈눈사람 아저씨〉는 26분짜리 애니메이션으로도 만날 수 있는데, 아무런 대사 없이 그림과 음악만으로 모든 것을 표현하고 있습니다. 파스텔 톤 그림과 몽환적인 음악이 찰떡궁합이라 그야말로 환상의 세계로 빠져드는 듯한 느낌이 들어요. 애니메이션에서는 눈사람 아저씨와 하늘을 나는 주인공의 이야기를 좀 더 섬세하게 다루고 있으니, 책을 읽은 다음 애니메이션을 보면 감동이 두 배가 될 것 같습니다. 참고로 애니메이션 〈눈사람 아저씨〉는 유튜브로 검색해서 볼 수도 있어요.

1. 이 책의 스토리는?

글 없는 그림책은 당연히 어떤 스토리일지 파악하는 것에서부터 시작해야 합니다. 그림을 보면서 아이가 들려주는 이야기에 귀를 기울여 주세요. 글 없는 그림책이니 눈사람 아저씨와 주인공 남자에게는 당연히 이름이 없는데, 이름을 붙여 준 뒤 스토리를 만들어도 됩니다.

스토리 만들기는 책 대화뿐만 아니라 글쓰기로도 진행할 수 있어요. 혹시나 집에 스캐너가 있다면 스캔을 받아 이미지로 만든 뒤 아래 한글이나 워드프로세스에서 불러오기를 합니다. 그리고 이미지 아래로 줄을 만들어 이미지에 맞는 글을 써 보면 좋아요. 이 책에 나오는 모든 그림을 글로 쓸 수는 없으니 스토리에 중요한 영향을 미치는 몇몇의 그림을 골라 자연스럽게 스토리를 연결할 수 있도록 하면 됩니다. 스캐너가 없으면 카메라로 사진을 찍어 그것을 이미지로 활용할 수도 있어요.

이 활동은 글쓰기에 어느 정도 익숙해진 아이에게만 시도해 주세요. 글쓰기에 익숙하지 않은 아이, 혹은 글쓰기를 싫어하는 아이는 글쓰는 것에 질려 버려서 책을 읽고 나서 진행하는 모든 활동에 제 실력을 발휘하지 않을 수도 있으니까요.

2. 내가 만든 눈사람이 살아 움직인다면 무엇을 할 수 있을까?

이 책의 주인공은 눈사람 아저씨를 집으로 데려와 자신의 집 곳곳을 소개하며 다양한 추억을 만들어요. 그러자 눈사람 아저씨는 주인공을 데리고 하늘을 날며 세상 곳곳을 보여 주는 최고의 이벤트를 선사하지요. 우리 아이는 자신이 만든 눈사람이 살아 움직인다면 어떤 일을 함께 해 보고 싶을까요? 좀 엉뚱하고 실현 불가능한 일이어도 좋으니 아이의 불타는 상상력에 기름을 부어 주세요.

3. 이 이야기는 현실일까 상상일까?

아침에 잠에서 깬 주인공은 눈이 펑펑 내리는 것을 발견하고는 신이 나서 옷을 입고 밖으로 나가 눈사람을 만들어요. 그러다가 집으로 들어왔는데 밤새도록 혼자 있을 눈사람이 걱정돼 밖으로 나갔지요. 그런데 눈사람이 인사를 건네더니 살아 움직였어요. 주인공은 밤새도록 눈사람과 놀고 나서 잠자리에 들었습니다. 자고 일어나자마자 다시 눈사람을 찾아갔는데 눈사람은 다 녹아서 사라져 버렸네요.

눈사람 아저씨와 주인공 사이에 일어난 일은 진짜 현실에서 일어난 일일까요, 아니면 주인공이 상상한 일일까요? 그것도 아니면 혹시 주인공의 꿈속에서 일어난 일은 아니었을까요? 아이에게 질문한 뒤 아이는 어떻게 생각하는지 경청해 주세요. 논술에서 중요한 것은 주장보다 주장을 뒷받침하는 논거입니다. 어떤 단서들이 아이가 그렇게 생각하게 된 원인이 되었는지까지 설명할 수 있어야 논술형·서술형 시험에 강한 아이가 될 수 있어요.

글쓰기 수업

그림이 조각조각 나뉘어 있어서 분량이 꽤 많은 듯하지만 스토리라인은 매우 단순한 편입니다. 그것을 독자가 어떻게 느끼느냐에 따라 감동이 깊어질 수도 있고 시시하게 느껴질 수도 있지요. 감동의 깊이가 깊다면 다음과 같은 글쓰기 활동을 하는 것이 어렵지 않을 것이고 그만큼 내용도 풍부해질 수 있어요.

1. 주인공에게 일어난 일 정리하기

이미 책 대화를 통해 그림을 보며 이 책의 스토리를 말로 정리한 바 있기 때문에 주인공에게 일어난 일을 글로 정리하는 것도 거뜬히 해 내리라 믿습니다. 아이가 그림을 보며 생각해 낸 스토리는 제가 그림을 보며 생각해 낸 스토리와는 또 다를 수 있기 때문에 여기에서 따로 예시문을 첨부하지 않을게요. 엄마 역시 아이가 쓴 내용은 관여하지 말고, 아이가 쓴 문장을 정확하게 다듬어 주는 선에서 마무리하면 됩니다.

2. 눈사람과 관련된 경험담 쓰기

아이들도 한 번쯤은 눈사람을 만들어 본 경험이 있겠지요? 눈사람을 만들었을 때의 경험담을 글로 써 보면 어떨까요? 혹시나 눈사람을 만들어 보지 못했더라도 만들어진 눈사람은 본 적은 있을 거예요. 그때의 기억을 떠올려 써도 됩니다. 눈사람을 실제로 본 적조차 없다면 〈겨울왕국〉의 올라프처럼 책이나 만화, 영화에서 본 눈사람 이야기를 써도 됩니다. 만약 책이나 만화나 영화에서도 눈사람을 못 봤다면 눈사람을 만들면 얼마나 신 날지, 눈사람을 실제로 만나면 어떤 기분이 들지 상상해서 쓸 수 있도록 격려해 주세요. 어차피 주제는 '눈사람'이니까요.

보통 아이들이 경험담을 글로 쓰기 싫을 때 '생각이 안 난다.' 혹은 '그런 경험이 없다.'면서 슬며시 피해 가려고 하는데, 이렇게 대안을 제시해서 아이들이 빠져나갈 구멍이 없게 만들 필요가 있습니다. 이 것은 제가 오랫동안 아이들 글쓰기 지도를 하면서 터득한 요령이에 요. 여기까지 하면 아이들은 체념을 하고 머리를 쥐어짜서 경험담을 떠올리기 시작해요. 일단 경험담이 떠오르면 어렵지 않게 글을 써 내려가고요. 경험담을 글로 쓰는 것은 그다지 어려운 일은 아니거든요. 일단 쓰기 시작하면 술술 써집니다.

 예시문

저는 예전에 하이마트 앞을 지나가다가 입구 쪽에 놓인 눈사람을 본 적이 있어요. 아마도 하이마트 직원 아저씨들이 만들어 놓은 것 같았어요. 일단은 하이마트 입구 쪽에 놓여 있으니까 그런 생각이 들었고, 또 아이들이 만들었다고 보기에는 너무 세련되고 완벽하게 생겨서 어른들의 작품이라는 생각이 들었어요.

그 눈사람을 보면서 저는 어른들도 눈사람 만들기를 좋아한다는 것이 신기했어요. 눈사람을 만드는 것은 아이들만 좋아하고 어른들은 귀찮아할 줄 알았거든요. 눈사람은 누구에게나 반갑고 소중한 존재인 것 같아요. 그러고 보니 누가 처음으로 눈사람을 만들 생각을 해 낸 건지 너무 궁금해요.

독서록 Tip

이 책을 읽고 독서록을 쓰고 싶다면 먼저 글 없는 그림책이라는 사실을 언급한 뒤, 그림을 보며 정리했던 이 책의 스토리를 써 내려갑니다. 느낀 점은 눈사람과 관련된 경험담을 쓴 뒤 마지막 장면에서 녹아내린 눈사람을 봤을 때 주인공의 심정이 어땠을지 공감하는 내용으로 마무리하면 됩니다. 또는 글 없는 그림책의 매력을 느낀 점으로 써도 좋아요.

이 세상과 숫자는 어떤 관계일까?

『수학의 저주』를 읽고 글쓰기

존 셰스카 글/ 레인 스미스 그림/ 여태경 옮김 | 시공주니어

우리는 '수학'이라는 과목이 중요하다는 것은 잘 알지만 이 세상이 온통 수학으로 이루어져 있다는 사실은 잘 알지 못하는 편이에요. 잘 알지 못한다기보다는 별로 관심이 없다는 게 더 맞는 표현일 것 같네요. 하지만 수학은 단지 학교 시험을 잘 보기 위해서 익숙해져야 하는 학문에서 그치는 것이 아니에요. 이 세상은 온통 수학 투성이기 때문에 세상을 잘 알기 위해 수학을 잘 알아야 할 필요가 있어요.『수학의 저주』라는 책은 그것을 잘 알려 주고 있어요.

찾아보면 유명한 수학자 중에는 철학자의 역할을 겸하고 있는 이들이 많아요. 피타고라스의 정리로 유명한 고대 그리스의 피타고라스, 부력을 발견한 고대 그리스의 아르키메데스, 미분과 적분 계산으로 유명한 독일의 라이프니츠, '나는 생각한다. 그러므로 나는 존재한다.'라는 명언을 남기고 X축과 Y축으로 표시되는 좌표를 만든 것으로 유명한 프랑스의 데카르트, 계산기 발명과 '파스칼의 삼각형'으로 유명한 프랑스의 파스칼 등이 모두 수학자 겸 철학자라는 타이틀을 달고 있지요. 세상을 수로 설명하는 수학과 세상을 지혜롭게 살아가는 방법을 연구하는 철학이 결국은 하나로 연결되어 있음을 알려 주는 게 아닐까요?

『수학의 저주』를 읽고 나서 이런 이야기까지 들려주면, 단지 수학이 학교에서 배우는 중요한 과목 중 하나가 아니라 이 세상을 움직이고 지배하는 학문이라는 사실을 인지하게 될 거예요.

책 대화 나누기

우리나라 부모들은 아이의 수학 공부에 있어 유난히 '연산'에 집착하는 경향이 있습니다. 그래서 유아기 때부터 연산 학습지를 풀게 하며 연산을 빠르게 해 내는 능력을 키워 주기 위해 안간힘을 씁니다. 몇 분 안에 몇 문제를 풀지 못하면 과제를 더 많이 내 주는 학습지를 본 적도 있어요.

하지만 수학 전문가들의 말로는 연산을 못해서 수학을 못하는 아이는 없다고 합니다. 당장에는 덧셈 뺄셈을 빨리 하고, 구구단을 줄줄 외는 아이가 수학을 잘하는 것처럼 보이지만, 그것은 그야말로 당장 눈에 보이는 결실이에요. 연산은 때가 되면 다 잘할 수 있게 되는 부분입니다. 중·고등학교로 넘어가서 어려운 문제에 부딪치면 연산이 아니라 결국 '수학적 사고력'의 싸움이 됩니다. 미국이나 유럽의 경우 학생들이 시험 시간에 계산기를 갖고 들어가는데, 그것은 연산에 쓸 에너지까지 수학적 사고력에 집중하기 위해서예요.

수학적 사고력을 높일 수 있는 가장 좋은 방법은 일상생활에서 수학을 자주 접하게 하는 것이에요. 단지 수학 문제집을 풀 때만 수학을 생각하는 것이 아니라 일상생활 속에서 자연스럽게 수학에 노출시키는 것이 핵심이에요. 그래서 이 책을 잘 활용하면 수학적 사고력을 높이는 데 많은 도움이 될 듯합니다. 일단 책 대화를 통해 수학적 사고력을 높이는 시동을 걸어 볼게요.

1. 책에서 제시하는 문제의 답은 무엇일까?

이 책은 '내 조카와 조카딸의 수를 더하면 15가 되고, 조카와 조카딸의 수를 곱하면 54가 된다. 그리고 조카의 수가 조카딸의 수보다 많다. 각각 몇 명일까?'라는 문제에서부터 시작됩니다. 이후 생활 속에 숨어 있는 숫자에 대한 문제들을 끊임없이 제시하지요. 사칙 연산을 알면 풀 수 있는 문제들도 많으니 한 페이지 한 페이지 넘기면서 아이가 직접 문제를 풀어 보도록 해 주세요. 사칙 연산을 알아도 복잡하게 느껴지는 문제가 있을 수도 있으므로 아이가 어려워하는 문제는 엄마와 함께 풀면 됩니다.

문제 중에는 난센스에 가까운 것들도 있는데, 이런 문제들은 난센스답게 웃어넘기며 즐거운 순간을 만들어 주세요.

2. 수학 문제와 관계없는 것은 무엇이 있을까?

주인공에게 수학의 저주가 시작된 것은 수학 시간에 피보나치 선생님이 "여러분도 알다시피, 이 세상에 있는 거의 모든 것들은 수학 문제로 생각할 수 있어요."라고 말하면서부터입니다. 선생님의 말대로 생활 곳곳에 수학이 필요하지 않은 부분이 없었지요. 그렇다면 과연 수학 문제와 관계가 없는 것도 있을까요? 아이에게 물어보고 아이의 대답을 기다려 주세요.

아이가 대답을 한다면 어떻게든 수학과 연관지어 반박하는 과정을 거칩니다. 예를 들어 아이가 "똥을 누는 것은 수학과 아무 관계도 없지."라고 대답한다면 "어제는 똥을 누는 데 5분이 걸렸는데 오늘은 3분이 걸렸어. 또 어제는 똥을 세 덩어리로 나누어 눴는데 오늘은 한 덩어리로 눴잖아. 그것 봐, 똥 누는 것도 수학과 관계가 있지?"라고 반박하는 식이에요. 이런 과정을 통해 아이는 이 세상에서 수학이 정말 많은 비중을 차지하고 있다는 사실을 다시 한번 인식할 수 있어요.

3. 내 주변에서 이루어지는 일들을 어떤 수학 문제로 표현할 수 있을까?

아이의 수학적 사고력을 키워 주기 위해서 아이 주변에서 흔히 일어나는 사례들을 예로 들어 수학 문제를 만들어 보세요. 예를 들어 "○○네 반 아이들은 모두 32명이잖아. 그럼 ○○네 반 아이들의 콧구멍과 귓구멍과 배꼽을 모두 합치면 모두 몇 개일까?" "오늘은 ○○가 태어난 지 딱 9년째 되는 날이잖아. 1년을 365일이라고 할 때, ○○가 태어난 지 며칠이 지났을까?" "○○의 몸과 얼굴에서 원 모양을 가지고 있는 것을 모두 찾아보자."와 같은 문제면 됩니다.

먼저 엄마가 문제를 만들어 아이에게 풀어 보게 한 다음, 아이가 만든 문제를 엄마가 풀어 보는 시간도 가져 보세요. 엄마가 먼저 문제를 만들어 제시하는 이유는 아이에게 어떻게 하면 되는지 본보기를 보여 주기 위해서입니다. 또한 아이가 문제를 직접 만들어 봐야 하는 이유는, 답을 맞힐 때보다 문제를 만들 때 더 많은 생각을 해야 하는 활동이기 때문이에요.

글쓰기 수업

수학적 사고력을 위한 책이지만, 글쓰기를 할 만한 거리도 많습니다. 수학은 이 세상 거의 모든 것들과 연결되어 있기 때문에 물론 글쓰기와도 관계가 있습니다. 첫 번째는 어떤 내용을 쓰고 두 번째는 어떤 내용을 쓸 것인지도 수학과 관계가 있지요. 각 문제마다 어느 정도의 분량으로 쓸지 가늠하는 것도 수학의 영역입니다. 시간을 정해 두고 글을 쓰기 시작한다면, 시간은 숫자로 나타내기 때문에 수학과 관계가 있다고 볼 수 있겠네요.

1. 주인공에게 일어난 일 정리하기

이 책 역시 주인공에게 일어난 일을 정리하는 것에서부터 글쓰기를 시작하겠습니다. 수학의 저주에 걸리는 바람에 하루 종일 머릿속에서 수학이 떠나질 않았던 주인공의 사정을 차근차근 정리하면 됩니다. 하지만 주인공의 머릿속에 맴돌던 모든 수학 문제를 다 쓸 수는 없잖아요. 그렇게 하면 쓰는 아이가 너무 힘든 것은 둘째치고 내용이 잘 전달되지 않기 때문에 그야말로 헛수고를 하는 셈이에요. 이 책의 내용을 전달할 수 있도록 요점만 잘 정리하면 됩니다.

예시문

이 책의 주인공은 수학 시간에 피보나치 선생님이 "여러분도 알다시피, 이 세상에 있는 거의 모든 것들은 수학 문제로 생각할 수 있어요."라고 말하는 것을 듣고는 수학의 저주에 걸려 이 세상의 모든 것이 수학 문제로 보이기 시작했어요. 무엇을 하는 데 걸리는 시간이며, 눈에 보이는 물건들의 개수나 크기를 모두 수학 문제로 생각하게 된 거예요. 심지어는 점심시간이나 사회 시간, 국어 시간, 미술 시간, 체육 시간에도 모든 것을 수학 문제로 연결시켰지요. 그러다가 어떤 문제든지 풀 수 있다는 자신감이 생기면서 마침내 수학의 저주에서 빠져 나왔어요.

2. 이 책을 읽고 나서 수학에 대한 생각이 어떻게 달라졌는지 쓰기

수학만큼 호불호가 명확하게 갈리는 과목은 없을 것입니다. 수학을 좋아하는 아이들은 수학 문제 풀기를 정말 재미있어해요. 하지만 수학을 싫어하는 아이들은 수학이라는 말만 들어도 진저리를 칩니다. 우리 아이는 전자에 속하나요, 아니면 후자에 속하나요?

수학을 진짜 좋아하는 아이라면(엄마 아빠의 칭찬, 또는 강요에 의해 좋아하는 척을 하고 있을지도 모르니까요.), 또 수학을 잘하는 아이라면 이미 이 책의 주인공처럼 일상생활의 많은 부분들을 수학과 연결 지어 생각하고 있을 확률이 큽니다. 수학을 좋아하고 잘한다는 것은 수학적 사고력이 바탕이 돼야 가능한 일이기 때문이에요.

만약 수학을 좋아하는 아이라면 이 책을 통해 더 많이 좋아하기를, 수학을 싫어하는 아이라면 이 책을 통해 수학적 사고력을 키워 자연스럽게 수학에 흥미를 갖게 되기를 바랍니다. 그런 의미에서 이 책을 읽고 수학에 대한 생각이 어떻게 달라졌는지 정리해 볼까요? 그런데 아이가 달라진 점이 없다고 할 수도 있어요. 이때는 달라진 점이 없다고 쓴 뒤, 그 이유를 자세히 덧붙이면 됩니다. 앞에서도 이야기했지만, 아이들이 글쓰기가 싫어 이런저런 핑계를 대며 빠져나가는 것을 막기 위해서는 늘 대안을 마련해 놓고 있어야 해요.

예시문 나는 그동안 수학을 문제집에 나와 있는 수학 문제를 푸는 것이라고 생각했습니다. 그래서 엄마가 "수학 공부 잘해야지!"라고 말하면 "수학 문제를 잘 풀어서 수학 점수를 잘 맞아야지."라는 뜻으로 받아들였어요. 하지만 알고 보니 수학은 수학 문제집 안에만 담겨 있는 것이 아니라 우리 생활 속에 아주 가득 담겨 있었어요.

이제 이 책을 다 읽었으니 얼른 게임을 시작할 것입니다. 게임을 할 수 있는 시간이 1시간인데 이 책을 읽느라 22분을 썼으니 이제 내게 남은 게임 시간은 38분뿐이에요. 그러고 보니 내가 제일 좋아하는 게임도 수학과 연결되어 있었네요.

독서록 Tip

이 책을 읽고 독서록을 쓰고 싶다면 먼저 이 책의 주인공에게 일어난 일들을 정리한 뒤, 이 책을 읽고 나서 수학에 대한 생각이 어떻게 달라졌는지 덧붙이면 됩니다.

나는 똑똑하게 살아가고 있을까?

『똑똑하게 사는 법』을 읽고 글쓰기

고미 타로 글·그림/ 강방화 옮김 | 한림출판사

 저는 익살스러운 그림체에 위트 있는 스토리가 찰떡궁합처럼 어우러져 있는 고미 타로의 그림책을 정말 좋아해요. 그중에서도 『똑똑하게 사는 법』은 고미 타로 그림책의 매력이 집약되어 있는 작품이라고 생각해요. '똑똑하게 사는 법'이라는 제목부터가 너무 당돌하게 느껴져서 관심이 확 가는데, 역시나 고미 타로답게 우리가 뻔히 알고 있는 똑똑하게 사는 법을 알려 주는 것이 아니라 기상천외한 방법들을 흔쾌히 알려 주고 있어요. 그 내용들이 적당히 교훈적이면서 또 적당히 코믹하기도 합니다. 어떤 에피소드는 황당한 스토리 속에 감동이 느껴지기도 해요.

똑똑하다는 것은 과연 무엇일까요? 나는 과연 지금 똑똑하게 살아가고 있을까요? 똑똑하게 살아가면 무엇이 좋을까요? '똑똑하다'는 키워드 하나만으로도 이야기를 나누고 글을 써 볼 내용들이 엄청 풍부합니다. 지금부터 시작해 볼까요?

 책 대화 나누기

책 대화는 아이가 '똑똑하다'는 것을 어떤 의미로 생각하고 있는지를 알아볼 수 있는 질문들로 구성해 보려고 합니다. 보통 아이들은 뭔가를 많이 알고 점수를 잘 받으면 똑똑하다고 생각해요. 하지만 똑똑하다는 것은 절대로 공부에 한정되는 말이 아니에요. 생활 전반에 걸쳐 현명하게 판단하고 지혜롭게 행동하는 사람을 똑똑하다고 보는 게 맞지요. 특히나 이 책은 후자 쪽에 더 초점이 맞춰져 있습니다.

그러므로 책 대화를 나눌 때는 아이가 똑똑한 사람의 기준에 대해 명확하게 이해할 수 있도록 엄마가 방향을 잘 잡아 줘야 해요.

1. 학교를 재미있게 가는 방법은?

이 책은 '젓가락질을 제대로 하는 법' '변신을 제대로 하는 법' '뱀의 길이를 제대로 재는 법' '도시락을 제대로 싸는 법' '우산을 제대로 쓰는 법' 등 호기심을 자극하는 제목을 제시하며 그것을 똑똑하게 해내는 법에 대해 이야기해 줍니다. 예를 들어 '강아지를 제대로 기르는 법'이라는 에피소드에서는 강아지와 함께 달리고 함께 신이 나고 함께 싸우고 함께 평온함을 즐기는 것이 강아지를 제대로 돌보는 것이며, 내 마음대로 개를 훈련시키거나 놀리는 것은 제대로 돌보는 것이 아니라고 일침을 날려요. 그러면서 밥을 얻어먹고 자존심을 버리는 개의 자세에 대해서도 지적을 합니다. 고미 타로의 그림책은 늘 이런 반전이 곳곳에 자리 잡고 있어요.

책을 함께 읽는 과정 중에는 매 페이지에서 제시하고 있는 주제에 대해 아이는 어떻게 하는 것이 똑똑하다고 생각하는지 물어보고 충분히 이야기 나누어 주세요. 책을 다 읽고 나서는 '학교를 재미있게 가는 방법은?' '맵고 뜨거운 떡볶이를 맛있게 먹는 방법은?' '호두과자가 4개 있는데 5명이 사이좋게 나누어 먹을 수 있는 방법은?' 등과 같이 아이가 충분히 공감할 만한 주제들을 뽑아 똑똑하게 대처할 수 있는 방법에 대해 이야기 나누어 보는 것도 좋습니다.

2. 나는 똑똑하게 살고 있을까?

이 책을 다 읽었다면 아이에게 "너는 네가 똑똑한 사람이라고 생각해?"라고 물어 주세요. 아직 어린아이들의 경우 대부분이 자신은 똑똑한 사람이라고 대답할 것입니다. 그렇다면 왜 자신이 똑똑하다고 생각하는지 그 이유를 조목조목 설명할 수 있도록 해 주세요.

혹시나 자신이 똑똑하지 않다고 생각하는 아이라면 자존감이 낮은 편이거나, 평소에 여러 방면으로 부정적인 피드백을 많이 받아 자기 효능감이 떨어진 상태일 수도 있어요. 자신이 똑똑하지 않다고 대답한 경우라도 일단 그 이유부터 경청해 주세요. 그다음 아이가 이야기한 이유들을 반박하기보다는 엄마가 생각하는 아이의 똑똑한 면모에 대해 이야기해 주면 돼요. 아주 사소한 것이라도 좋습니다.

3. 내 주변에서 똑똑한 사람은 누가 있을까?

이번에는 주변 사람들은 똑똑하게 살아가는지 아니면 그 반대인지 이야기를 나누어 볼까요? 아빠, 엄마, 형, 친구 누구누구, 할머니, 할아버지, 이모, 선생님 등등 아이에게 익숙한 사람들을 한 명씩 소환하며 그 사람이 똑똑하다고 생각하는지 의견을 물어 보는 거지요. 이때도 당연히 똑똑하다, 안 똑똑하다는 중요하지 않습니다. 왜 아이가 그렇게 생각하는지 이유를 정확하게 짚어 내고 구체적으로 설명할 수 있어야 해요. 여러 번 이야기했던 것처럼 자신의 생각을 정확하고 구체적으로 표현하는 연습은 서술형·논술형 시험에 강한 아이로 키우는데 가장 핵심적인 과정이에요.

 글쓰기 수업

이 책은 앞의 다른 책들과 달리 하나의 스토리가 쭉 이어지는 내용이 아니에요. 각 페이지마다 각기 다른 짧은 에피소드들로 채워져 있지요. 그레서 이 책에서는 주인공에게 일어난 일을 매끄럽게 정리하는 것이 불가능합니다. 그 대신 색다른 글쓰기 활동을 시도해 볼게요.

1. 이 세상에서 가장 똑똑한 사람 쓰기

아이는 이 세상에서 어떤 사람을 가장 똑똑하다고 생각할까요? 우리에게 잘 알려진 위인이어도 되고, 동화나 영화 속 주인공이어도 됩니다. 가족 중 누군가 혹은 알고 지내는 사람 중 한 사람이어도 됩니다.

'가장'이니까 딱 한 사람을 골라서 그 사람을 가장 똑똑한 사람으로 고른 이유를 정확하게 쓸 수 있도록 해 주세요. 예를 들어 아인슈타인을 골랐다면 아인슈타인의 업적을 설명하면서 그가 이 세상에 끼친 영향까지 덧붙여야 가장 똑똑한 사람으로 고른 명확한 이유가 드러납니다. 이 문제 역시 누구냐가 중요한 것이 아니라 그 사람을 가장 똑똑한 사람으로 고른 이유가 중요합니다.

엉뚱한 사람이어도 좋습니다. 예를 들어 다소 바보스럽게 보이는 캐릭터인 「스펀지밥」의 '뚱이'를 고른 뒤, '욕심 부리지 않고 자신의 삶에 만족하며 주변 사람들을 따뜻하게 챙기는 모습이 행복하게 살기 위한 가장 똑똑한 방법 같다'고 이유를 정확하게 설명할 수 있으면 돼요.

예시문

나는 이 세상에서 개그맨 유재석이 가장 똑똑하다고 생각합니다. 일단 유재석은 때와 장소에 맞게 말을 아주 잘합니다. 예의 바르면서 세련되게 말을 하는데, 그 말들이 너무 재미있어서 사람들을 막 웃게 해요. 똑똑하지 않은 사람이라면 그렇게 말을 잘할 수 없을 겁니다. 또 유재석은 주변 사람들을 잘 챙깁니다. 주변 사람들을 잘 챙기기 때문에 항상 사랑받고 존경받는 것 같아요. 사랑받고 존경받는 방법을 잘 알기 때문에 똑똑하다고 할 수밖에 없어요.

2. 가장 공감이 갔던 똑똑하게 사는 법 골라 쓰기

이 책에는 33가지나 되는 똑똑하게 사는 법이 나옵니다. 그중에는 충분히 공감되는 내용도 있겠지만, 자신의 생각과는 다른 내용도 있을 수 있을 거예요. 각자 생각이 다를 수 있으니까요.

이번에는 이 책에서 가장 공감이 갔던 내용을 한 가지 골라 그 이유를 써 보도록 하겠습니다. '가장'이라는 단서를 붙였으니 이번에도 당연히 딱 하나만 고를 수 있습니다. 그리고 그렇게 생각하는 이유를 구체적으로 써 주세요. 자신의 생각을 충분히 담은 글이어야 그것을 읽는 사람에게 정확한 의도를 전달할 수 있으며, 그것이 바로 잘 쓴 글이에요.

예시문

저는 '쓰레기를 제대로 분류하는 법'이라는 부분이 가장 마음에 와 닿았습니다. 우리는 보통 쓰레기를 버릴 때 음식물 쓰레기, 플라스틱, 병, 캔 등으로 분류해서 버리는데 이 책은 '어쩔 수 없어요 쓰레기' '미안해요 쓰레기' '고마웠어요 쓰레기' '잘못했어요 쓰레기'로 나누는 것이 아주 특이했어요. '어쩔 수 없어요 쓰레기'는 말 그대로 어쩔 수 없이 버려야 하는 쓰레기, '미안해요 쓰레기'는 나의 실수나 잘못으로 생겨난 쓰레기, '고마웠어요 쓰레기'는 오랫동안 함께 생활하다가 수명을 다한 쓰레기, '잘못했어요 쓰레기'는 충동구매로 인해 생겨난 쓰레기를 말합니다.

쓰레기를 이렇게 분류하니 '미안해요 쓰레기'와 '잘못했어요 쓰레기'를 줄이면 쓰레기를 많이 줄일 수 있겠다는 생각이 들었습니다. 그야말로 쓰레기를 제대로 분류하는 법이 아닐 수 없어요.

독서록 Tip

이 책을 읽고 독서록을 쓰고 싶다면 먼저 이 책의 전반적인 소개글을 씁니다. '이 책은 우리의 일상생활 속에서 벌어지는 상황에 대해 똑똑하게 대처하는 방법을 알려 줍니다.

33가지나 되는 내용이 담겨 있는데, 어떤 에피소드는 깨달음을 주고 어떤 에피소드는 웃음을 주며 어떤 에피소드는 감동을 줍니다.' 정도로 전반적인 특징을 소개하면 됩니다. 그다음 이 책을 통해 '똑똑하다'는 것에 대한 생각이 어떻게 달라졌는지를 느낀 점으로 써도 좋고, 나는 그동안 똑똑하게 살아왔는지를 되돌아보는 내용을 느낀 점으로 써도 좋아요.

책 속 부 록

학교 과제로 나오는 글쓰기 지도법 5

논설문 쓰기, 얼거리 짜는 것부터 익숙해져야 한다

논설문은 자신의 주장을 논리적으로 설명하는 글로서 '주장하는 글'이라고도 표현하지요. 저는 개인적으로 아이들이 배우게 되는 여러 장르 중에서 논설문이 가장 쓰기 어려운 장르라고 생각해요. 독서록은 책의 내용, 일기나 기행문은 내가 직접 경험한 것, 설명문은 검색을 통해 찾은 자료 등이 있기 때문에 기본적인 재료들이 존재해요. 하지만 논설문은 자신의 주장을 담는 글이기 때문에 처음부터 자신이 설계하여 내용을 채워 나가야 합니다. 게다가 자신의 주장을 논리적, 조직적으로 펼쳐 나가야 하지요. 이런 이유로 아이들이 쓰기 가장 어려워하는 편이에요.

그래서 논설문은 본격적으로 글을 쓰기 전에 반드시 '얼거리'부터 짜는 것이 좋습니다. 얼거리는 글을 어떻게 쓸지에 대한 계획을 미리 세워 보는 것으로, 건축할 때 미리 설계도를 만드는 것과 같은 이치예요. 얼거리를 짜면 본격적으로 논설문을 쓸 때 막힘없이 술술 써 내려갈 수도 있고, 내용이 논리적이면서 조직적으로 전개될 수 있기 때문에 선택적인 요소가 아니라 필수적인 요소라고 생각해야 해요.

논설문은 서론(글을 쓰게 된 문제 상황과 그에 대한 나의 주장), 본론(나의 주장에 대한 적절한 근거), 결론(나의 주장을 다시 한번 강조)으로 이루어집니다. '장애인과 더불어 살아가는 세상을 만들자.'라는 주제로 논설문을 쓴다면 서론, 본론, 결론에 대한 얼거리를 다음과 같이 짜 볼 수 있어요.

서론	– 장애인이 현실적으로 겪는 어려움 – 우리가 장애인을 배려해야 하는 이유
본론	– 장애인과 더불어 살아가기 위해 노력해야 할 점 • 몸이 불편한 장애인들이 편하게 이용할 수 있는 시설 마련 • 장애인들이 공평하게 교육을 받을 수 있는 제도 마련 • 장애인 인권에 대한 교육 실시
결론	– 장애인과 더불어 살아가는 세상의 필요성 다시 한번 강조

서론, 본론, 결론 중에 아이들이 가장 쓰기 힘들어하는 부분은 어디일까요? 아이들마다 정도의 차이는 있겠지만 보통 서론을 가장 쓰기 힘들어하는 편이에요. 보통 글을 쓸 때 어디서부터 어떻게 시작할지 몰라 난감한 경우가 많잖아요. 아이들에게 논설문은 그런 어려움이 가장 큰 글

쓰기입니다. 그러므로 논설문을 처음 쓸 때는 서론 부분에서 많은 도움을 줘도 됩니다.

저는 처음 논설문을 쓰는 아이들에게는 서론을 거의 써 주다시피 하면서 그것을 참고해 보라고 하는데, 거의 베껴 쓰다시피 해도 그냥 내버려 둡니다. 처음에는 그냥 '아! 서론은 이런 거구나. 서론은 이런 내용이 들어가면 되는구나.' 정도만 인지해도 대성공이니까요. 그렇게 서론에 대한 감각을 서서히 익혀가다 보면 어느 순간 혼자 쓸 수 있는 시간이 올 거예요.

본론은 비교적 쓰기 쉬운 편이에요. 서론에서 제시한 주장을 뒷받침하는 논거들을 정리하면서 자신의 주장을 명확히 하는 부분이라 얼거리만 잘 짜 두면 별다른 어려움이 없습니다. 쓰기 어렵지는 않지만 자신의 주장이 명확히 드러나야 하는, 다시 말해 논설문에서 가장 핵심이 되는 부분이에요. 그러므로 구체적이면서 정확하게 쓸 수 있어야 해요.

결론은 앞에서 펼친 자신의 주장을 다시 한번 요약하면서 강조하는 부분이지만, 그렇다고 앞에서 한 이야기를 또 반복하면 재미없고 지루하겠지요. 그래서 저는 아이들에게 결론 부분을 잘 쓸 수 있는 요령을 이야기할 때 '앞에서 자신이 펼친 주장을 다시 한번 정리하면서 그 주장에 희망적이고 긍정적인 메시지를 덧붙일 것'을 요구합니다. 그러니까 '장애인도 인간으로서 존중을 받으며 행복하게 살아갈 수 있어야 한다.'라는 주장에서 그치지 않고, '장애인과 함께 더불어 살아갈 수 있는 공정하고 아름다운 세상을 만들자.'라는 메시지까지 던져 줘야 더 감동적이면서 강력한

인상을 준답니다. 이런 식으로 결론을 지으면 글의 수준을 한껏 끌어올릴
수 있어요.

앞에서 짜 놓은 얼거리를 바탕으로 논설문을 완성해 볼까요? 얼거리를
완성해 두었다면 논설문 쓰기는 전혀 어렵지 않습니다.

 예시문 장애인은 몸이 불편하기 때문에 생활하는 데 많은 어려
움이 있습니다. 예를 들어 우리가 아주 간단히 오르내
리는 계단도 휠체어를 타는 장애인들에게는 커다란 장벽처럼
느껴져요. 하지만 장애인도 몸이 불편할 뿐이지 모두 같은 사람
이기 때문에 인권을 존중받으며 행복하게 살아가야 합니다. 그
래서 우리는 장애인과 함께 더불어 살아갈 수 있는 세상을 만들
어야 해요.

그렇다면 장애인과 더불어 행복하게 살아갈 수 있는 세상을 만
들기 위해서는 무엇보다 몸이 불편한 장애인들이 편하게 이용
할 수 있는 시설들이 충분히 마련되어야 합니다. 또한 장애인
들이 공평하게 교육을 받을 수 있는 제도도 필요합니다. 장애
인과 함께 살아가는 이웃들의 의식도 변화해야 하기 때문에 장
애인 인권 교육도 활발하게 이루어져야 해요.

장애인은 우리가 도와줘야 하는 불쌍한 사람들이 아니라 우리
와 더불어 살아가는 시민들이에요. 하지만 몸이 좀 불편하기

때문에 그 부분에 있어서 약간의 도움은 필요합니다. 그러므로 장애인을 위한 시설과 제도, 그리고 우리 마음가짐의 변화를 통해 장애인과 함께 더불어 살아가는 따뜻한 세상을 만들어야 할 것입니다.

논설문은 가장 쓰기 어려운 글이지만 반드시 능숙하게 쓸 수 있어야 하는 글입니다. 왜냐하면 아이들의 성적과 직결되는 서술형·논술형 시험 자체가 결국엔 자신의 생각을 논리적으로 서술해야 하는 논설문과 직결되기 때문이에요. 쓰기 어려운 장르임에는 분명하지만 자신의 생각을 정확하게 글로 표현하는 훈련을 반복하면 얼마든지 능숙해질 수 있답니다. 천천히, 한 단계씩 앞으로 나가 보세요.